草地退化
与生态系统管理研究

李春鸣◎著

中国科学技术出版社
·北 京·

图书在版编目(CIP)数据

草地退化与生态系统管理研究 / 李春鸣著 . -- 北京:
中国科学技术出版社, 2023.4
ISBN 978-7-5236-0110-5

Ⅰ.①草… Ⅱ.①李… Ⅲ.①退化草地 – 研究②草原
生态系统 – 研究 Ⅳ.①S812.3②S812.29

中国国家版本馆CIP数据核字(2023)第 045578 号

策划编辑	许　倩	
责任编辑	李新培	
封面设计	中知图印务	
正文设计	中知图印务	
责任校对	焦　宁	
责任印制	徐　飞	

出　　版	中国科学技术出版社	
发　　行	中国科学技术出版社有限公司发行部	
地　　址	北京市海淀区中关村南大街16号	
邮　　编	100081	
发行电话	010-62173865	
传　　真	010-62173081	
网　　址	http://www.cspbooks.com.cn	

开　　本	720mm×1000mm　1/16	
字　　数	249千字	
印　　张	14.75	
版　　次	2023年4月第1版	
印　　次	2023年4月第1次印刷	
印　　刷	北京中科印刷有限公司	
书　　号	ISBN 978-7-5236-0110-5/S·788	
定　　价	68.00元	

作者简介

　　李春鸣，女，汉族，1971年10月生，甘肃省张掖市人，博士，副教授。1993年毕业于甘肃农业大学土壤与植物营养专业，获学士学位；1998年9月至2001年7月，在甘肃农业大学草业学院草业生态专业取得硕士学位；2007年3月至2012年12月，在甘肃农业大学草业学院草地资源与生态专业获博士学位。2001年7月至今，在西北民族大学生命科学与工程学院任副教授，从事科研、教学工作。其间主持国家自然科学基金项目1项，主持完成中央高校基本科研业务费项目1项，参加完成甘肃省自然科学基金项目1项，参加完成中央高校基本科研业务费项目2项，参加完成甘肃省农牧厅项目1项。发表SCI论文1篇，国内主要期刊论文10多篇；获授权国家发明专利1项，获授权国家实用新型专利8项；独立出版专著1部，参与完成专著2部；获得甘肃省教育厅科技进步二等奖1项，第三届全国大学生生命科学创新创业大赛指导教师一等奖，第二届全国大学生生命科学竞赛指导教师三等奖，第三届全国大学生生命科学创新创业大赛指导教师优秀奖，西北民族大学教学成果一等奖。

前　言

　　草地退化是草地生态系统逆行演替的过程。在此过程中，系统内的组成、结构与功能均发生了明显变化，能流规模缩小、物质循环失调、熵值增加，打破了原有的稳态和有序性，系统向低能量级转化，即维持生态过程所必需的功能下降甚至丧失，或在低能量级水平上建立新的亚稳态。在其演化过程中，结构特征和能流与物质循环等过程恶化，即生物群落及其赖以生存的环境恶化。它既包括植被的退化，也包括土地的退化。由于人为活动或不利的自然因素所引起的草地质量衰退，生产力、经济潜力和服务功能降低，环境恶化及生物多样性或复杂性降低，恢复功能减弱或失去恢复功能，都称为草地退化。草地退化是一个世界性的普遍问题，几乎所有的天然草地和人工草地，在利用不当时都可能出现这种现象。一些统计资料对我国不同生态系统进行了估计，草地生态系统的退化比例比林地、农田等其他生态系统要高。

　　在不同国家和地区，草地退化的程度也有相当大的差异。据统计，在我国东北和西部地区，正常的良好草地所占面积已经不足26%。也就是说，大部分草地都处于退化状态，轻度、中度和重度退化的草地面积分别达到了463.5万公顷、481.0万公顷和900.3万公顷。据估计，我国现有草地退化的速度每年为1.5%～3.0%。幸而，近几年由于国家大力推行"退牧还草""围栏封育""禁牧舍饲"等草地保护与限制利用措施，大大地限制了草原地区的家畜放牧，大面积草地的退化现象有所缓解。

　　草地退化成为我国最主要的生态问题之一。本书第一章从草地退化的释义入手，总结草地退化的现状和类型，然后分析造成草地退化的原因、草地退化的诊断与生物环境。第二、第三章分别阐述草地生态系统的组成结构与地位，以及草地生态系统的主要类型。第四章首先介绍了草地退化评估的专业术语，然后从植被和土壤参数的变化入手介绍草地退化的评估方法。第五章分析了退化草地的治理技术与方法。第六章总结了退化草地治理与生态恢复。第七章从生态系统管理角度论述了退化草地的恢复与生态管理。

　　本书受下列项目资助：国家自然科学基金项目"东祁连山白牦牛核心产区退化草地土壤生态亚系统的恢复力及机制研究"（31960279）；教

育部动物医学生物工程创新团队（IRT_17R88）；中央高校建设世界一流大学（学科）和特色发展引导专项。

目录 contents

第一章 草地退化概述

通常谈及的草地退化（grassland degradation）是指草地生态系统退化（grassland ecosystem degradation）。草地退化一般被认为是由于放牧家畜或其他原因导致草地的产草量与植被覆盖度降低，草群中优良牧草比例下降或种类减少，家畜生产性能下降，放牧率降低，土壤条件趋于恶化的现象。从生态系统演化的角度看，草地退化是指草地由比较稳定的正常状态向着不稳定方向演替的各个过程或演替阶段。

草地退化的表现基本上包括2个层面：一是草地植被的退化，反映于草地植被特征的许多方面，如植被的盖度、生产力、植物生物多样性等；二是草地土壤的退化，即土壤的物理、化学性质，包括土壤中的动物与微生物等特征发生不利于植被生长的变化。

自然生态系统退化存在一个程度或梯度的问题，草地退化也是如此。草地退化的现象，在某些地区由于某一种或几种因素（生态因子）的强烈作用，出现极端退化状态。例如，在我国的东北松嫩平原上，由于特殊的地形条件以及地质作用，草地表层土壤中积聚了大量盐碱成分，在草地退化达到一定程度时，就表现为草地的盐碱化（grassland salinization and alkalization）。再如，四川省的川西北草原，由于过度放牧，加之自然因素，导致草地退化乃至草地沙漠化（grassland desertification）。无论是草地盐碱化，还是草地沙漠化，植被与土壤特征的表现都是草地退化。所以，可以认为，草地盐碱化和草地沙漠化是草地生态系统退化的极端表现。

第一节　草地退化的概念及内涵

一、草地退化概念及内涵的形成和发展

　　草地资源是人类重要的生存基础。它不仅为人类提供了大量的植物性和动物性原材料，而且在防风固沙、涵养水源、保持水土、净化空气等方面起着极为重要的作用。我国拥有天然草地约为 $4×10^8hm^2$，约占国土总面积的41.7%，其中，可利用草地面积约为 $3.3×10^8hm^2$。这些草地资源是我国面积最大的陆地生态系统和重要的生态安全屏障，对发展区域经济、维系我国生态系统良性发展具有重要意义。然而，长期以来，超载放牧、毁草开矿等破坏行为使草地植被退化、草地生物量锐减、草地土壤肥力减退、草地水土流失严重，草地沙化、盐碱化现象频繁发生。随着草地退化问题的加剧，草地退化已经成为人们所熟知的一个概念，但是由于研究者、研究对象和研究目的的不同，草地退化概念的内涵与侧重也不尽相同。在长期的草地退化研究中，大部分人将草地退化作为一个整体概念来定义和解释。通常谈及的草地退化是指草地生态系统退化。草地退化一般被认为是由于放牧家畜或其他原因导致草地的产草量与植被覆盖度降低，草群中优良牧草比例下降或种类减少，家畜生产性能下降，放牧率降低，土壤条件趋于恶化的现象。从生态系统演化的角度看，草地退化是指草地由比较稳定的正常状态向着不稳定方向演替的各个过程或演替阶段。

　　我国在长期的草地退化研究中，学者们根据自己对草地退化的理解分别给出了不同的定义。如李博认为，草地退化是指放牧、开垦和搂柴等人为活动，使草地生态系统远离顶极的状态。黄文秀将草地退化定义为草地承载牲畜的能力下降，进而引起畜产品生产力下降的过程。西林德（H.S.Thind）和迪伦（M.S.Dhillon）认为，草地退化包括可见的与非可见的2类，前者如土壤侵蚀和盐渍化，后者如不利的化学、物理和生物因素的变化导致的生产力下降。李绍良认为，草地退化既指草的退化，又指地的退化，其结果是整个草地生态系统的退化，破坏了草地生态系统物质的相对平衡，使生态系统逆向演替。陈佐忠认为，土壤沙化，有机质含量下降，养分减少，土壤结构性变差，土壤紧实度增加，通透性变

坏，有的向盐碱化方向发展，是草原地区土壤退化的指示。李博将草地退化定义为，由于人为活动或不利自然因素所引起的草地（包括植物和土壤）质量衰退，生产力、经济潜力及服务功能降低，环境变劣以及生物多样性或复杂程度降低，恢复功能减弱或失去恢复功能。刘钟龄和王炜也持有类似的观点，认为草地退化是指不合理的管理与超限度的利用，以及不利的生态地理条件所造成的草地生产力衰退与环境恶化的过程。王德利认为，草地退化表现为2个层面：一是草地植被的退化，反映于草地植被特征的许多方面，如植被的盖度、生产力、植物生物多样性等；二是草地土壤的退化，即土壤的物理、化学性质，包括土壤中的动物与微生物等特征发生不利于植被生长的变化。

综上所述，所谓草地退化，从本质上而言就是草地生态系统中能量流动与物质循环的输入与输出之间失调，结构受损，功能下降，稳定性减弱，系统的稳定与平衡受到破坏。可见，草地退化是多因素叠加耦合作用的结果，其主要表现是草地生物组成与植被退化、土壤退化、水文循环系统的恶化、近地表小气候环境的恶化等。过大的放牧压力和超负荷的收割，突破了草地一些植物的再生能力，使植被的生物量减少，群落稀疏矮化，利用价值优良的草群衰减，劣质草种增生。广义的草地退化包括草地植被退化、土地沙化、土地次生盐渍化和水土流失。狭义的草地退化专指草地植被退化，即草地产草量降低，草群质量变劣。自然生态系统退化存在一个程度或梯度的问题，草地退化也是如此。草地退化的现象，在某些地区由于某一种或几种因素（生态因子）的强烈作用，出现极端退化状态。例如，在我国的东北松嫩平原上，由于特殊的地形条件以及地质作用，草地表层土壤中积聚了大量盐碱成分，在草地退化达到一定程度时，就表现为草地的盐碱化。再如，内蒙古自治区的毛乌素草原，由于过度放牧，加之气候的连年干旱，导致草地沙漠化。无论是草地盐碱化，还是草地沙漠化，其植被与土壤特征的表现都是草地退化。所以，可以认为，草地盐碱化和草地沙漠化是草地生态系统退化的极端表现。

二、现代草地的概念

在我国，通常把草地简单地理解为"生长草的土地"。在长期的生产实践中，草地与草原、草场作为同义语被行政管理部门、研究机构、学校所接受，并与草坡、草山、草堆、草甸等地方性名词相混用。

由于所处的地理位置、生产水平和科学技术水平存在差异，世界各地对草地一词的认识理解有所不同，但有一个共同点，就是它们均与草地资源的功能及利用相关联。草地作为世界上面积最大的土地-生物资源，除了生产畜产品的功能外，在当今还有牧养野生草食动物，为野生非牧养动物提供栖息地，以景观和绿地环境为人类提供旅游、娱乐、户外运动和休息地，提供野生药材、花卉和工业原料，保存和提供遗传资源，保持水土和恢复被破坏的土地等多方面的功能。因此，现代草地的定义是："主要生长草本植物，或兼有灌丛和稀疏乔木，可以为家畜和野生动物提供食物和生产场所，并可为人类提供优良生活环境、其他生物产品等多种功能的土地-生物资源和草业生产基地。"[1]

第二节　草地退化的现状及类型

草地退化是一个世界性的普遍问题。几乎所有的天然草地和人工草地，如果利用不当时都可能出现这种现象。全球草地面积约为 $3.42\times10^9hm^2$，约占陆地总面积的40%。我国草地面积约为 $4\times10^8hm^2$，约占我国陆地国土总面积的41.7%，分别约为耕地的2.62倍和林地的1.95倍，其中，北方牧区和半农半牧区草地面积约为 $2.7\times10^8hm^2$，范围涉及北方12个省、自治区，草地面积约占该区域总土地面积的55.9%。它是中国牧区畜牧业发展的重要物质基础和北方最主要的生态屏障，其功能的正常发挥对维持全球及区域性生态系统的平衡有着极其重要的作用。按照联合国粮农组织1997年数据，各种人类活动影响全球土壤退化面积比例分别是：过度放牧34.5%，森林破坏29.5%，农业利用28.2%，过度开发6.8%，污染1.7%（各部分存在重复）。因而从全球范围看，过度放牧是土壤退化的主要驱动因素之一。

一些统计资料对我国不同生态系统进行了估计，草地生态系统的退化比林地、农田等其他生态系统要高。《2006年全国草原监测报告》显示，全国90%的草原存在不同程度的退化、沙化、盐渍化和石漠化，中度和重度退化草地超过一半。退化草原和沙化草原主要分布在北方干旱、

---

①何京丽，邢恩德. 退化草地恢复水土保持关键技术[M]. 北京：中国水利水电出版社，2016.

半干旱草原区和青藏高原草原区。草原大面积退化已严重威胁着我国畜牧业生产和牧区人民的生活。《2011年全国草原监测报告》显示，全国重点天然草原的牲畜超载率为30%；全国264个牧区、半牧区县（旗）天然草原的牲畜超载率为44%，其中，牧区牲畜超载率为42%，半牧区牲畜超载率为47%；草原虫害危害面积为 $1.7658×10^7hm^2$，占全国草原总面积的4.4%。我国现有草地退化的速度每年为1.5%~3.0%。不同的地区，草地退化的程度也有相当大的差异。在我国东北地区西部，正常的良好草地所占面积已经不足26%，也就是说，大部分草地都处于退化状态，轻度、中度和重度退化的草地面积分别达到了 $4.635×10^6hm^2$、$4.81×10^6hm^2$ 和 $9.003×10^6hm^2$。素以水草丰美著称的全国重点牧区呼伦贝尔草原和锡林郭勒草原，退化面积分别达23%和41%。鄂尔多斯草原退化最为严重，退化面积达68%以上。

虽然近年来国家大力推行"退耕还草""围栏封育"和"禁牧舍饲"等草地保护与限制利用措施，大大地限制了草原地区的家畜放牧，部分草原生态环境得到恢复，但整体退化速度远远大于恢复速度，草原退化、沙化、盐渍化面积仍在不断扩大，自然和人为毁坏草原的现象时常发生，草原生物多样性遭到破坏，草原灾害频繁发生，已成为制约草原牧区持续发展的主要障碍。

一、退化草地的植被变化

某一地区的草地退化，首先反映在草地的植被变化方面。植被的变化主要体现在植物群落结构与功能上的变化。草地建群种和优势种逐渐减少或消失，而一些质量低劣的毒害草和杂草则大量侵入草群，使优良牧草减少，草群变矮、变稀，可食性牧草减少。例如，在山地干草原草场中，正常情况下，草群平均叶层高度为16cm，而严重退化时只有4cm。在频繁的刈割条件下，东北松嫩羊草草甸草原的植物群落出现退化。在内蒙古自治区的典型草原中，不同放牧强度下大针茅草原演替过程为大针茅+克氏针茅+冷蒿、冷蒿+糙隐子草；克氏针茅草原演替过程为克氏针茅+冷蒿，冷蒿+糙隐子草；羊草草原演替过程为羊草+克氏针茅+冷蒿，冷蒿+糙隐子草。典型草地过度放牧导致羊草、克氏针茅等禾本科植物盖度、生物量下降，而冷蒿、糙隐子草的变化则相反。典型草地在连续多年的高强度放牧压力下演替为冷蒿小禾草草地，继续进行重牧或过牧，家畜喜食的植物种类将进一步减少，植物多样性指数降低而最终趋同于糙隐子草草地。随退化程度增加，克氏针茅的重要值降低，冷蒿的重要值增加，重度退化草地群落多样性最低。由于草地群落优势种发生改变，生态系统结构变劣，导致草地生产力低下，产草量下降。

在各种导致草地退化的因素的作用下，草地植物被大量消耗，如频繁割草与连年高强度放牧；草地植物的生长能力受到抑制，如草地地域的气候处于持续干旱时，植物的光合生产能力降低。杜际增分析了长江黄河源区各时期高寒草地生态系统各退化类型的空间分布特征，该地区草地退化以覆盖度的降低为主，其次是高寒草地的破碎化加剧以及草地的干旱化和荒漠化。目前，我国单位面积平均产草量较20世纪50年代减少了30%～50%，严重地区减少多达60%~80%。从草地类型来看，正常草场的干草产量为42.3kg/hm²，而重度退化时则为18.3kg/hm²。正常情况下，沙地草场平均产干草量为69.3kg/hm²，而退化严重阶段仅为2.6kg/hm²。不同退化程度各类植物的生物量降低程度也有差异。在退化草地上的有些植物，特别是一些有毒有害植物大多数情况下可能呈上升趋势，如退化的科尔沁草甸草原上的狼毒种群，但是总体上草地植被的生产量是呈下降趋势。另外，退化草地植被或草群的质量也呈下降趋势。在草地退化过程中，通常是一些有毒有害植物、杂类草植物等比例相对升高。这些植物家畜很少采食，只有在草地植物极端贫乏或者某些特殊阶段时才被采食利用。相反，草群中的禾本科、豆科等优良牧草，由于家畜的过度采食消耗，它们在草群中的比例越来越低。

二、退化草地的土壤变化

由于草地植被与植被着生的土壤密切相关，一般来讲，植被或植物群落出现变化，必然会导致其生存环境中的土壤条件发生改变。在草地退化的过程中，退化草地的土壤条件也随着植被的逆行演替出现变化。虽然草地土壤退化与植被退化关系密切，然而两者也有较大差异。在草地退化过程中，土壤退化滞后于植被退化，即首先植被出现退化征兆，然后土壤条件发生改变，土壤也就开始衰退。在草地退化过程中，植被的生产力和植被组成变化较快。例如，由于家畜的采食，植被生产力可能迅速降低到原来的一半，甚至是更低的水平。而土壤却具有相对的稳定性，因为土壤中的资源条件，如氮、磷等营养元素不可能立刻降低，且不会降低到不存在的水平。总之，土壤中资源条件的变化，在数量与质量方面的退化较植被慢些。

草地土壤退化的表现能够反映在土壤表层物理结构和化学性质等方面。例如，在内蒙古自治区锡林郭勒草地退化过程中，土壤的硬度、容重与孔隙度等物理结构出现不同程度的变化，退化土壤的硬度显著增加，重度退化可达轻度退化的数倍，土壤容重也有增大的趋势，相反，土壤的孔隙度却呈降低的趋势。显然，土壤硬度增加的结果是不利于草地植物根系的正常生长，而土壤容重和孔隙度的变化也对土壤中的通气性、透水性以及营养物质的交换吸收有很大影响。草地土壤肥力在其退化过程中也发生变化，标志着土壤肥力高低的有机质含量随着草地退化程度的加剧而逐渐降低。土壤有机质含量的降低，说明草地土壤的营养水平对植物的营养需求产生了限制作用，植物的根系与地上部生物量积累就不可能达到正常的积累水平。

三、草地退化的类型

草地退化包含草地退化、草地沙化和草地盐碱化3种情况。

草地退化：草地退化一般还可分为轻度退化、中度退化和重度退化（包含强度退化和严重退化）3个等级。轻度退化是指草群优势植物种群没有变化，但产草量下降30%，仅可用于季节放牧。中度退化是指草群优势植物种群发生变化，出现了劣质草类，产草量下降40%~50%，只能在冬春季节利用，在生长季需要休养生息。强度退化与严重退化是指产草量下降60%甚至70%以上，优势植物种群已发生更替，不可食用的草类大量生长，甚至成为优势植物种群。

草地沙化：草地沙化在概念上严格地讲与退化是有差别的，但在很多情况下人们把沙化视为草地退化的一种特殊形式。它是在干旱条件下，遭受人类的不合理利用，土壤质地松散，内聚力变差，地表植被受到破坏，在受风力的吹蚀作用下，导致草地地表出现风蚀、粗化、片状流沙、流动沙丘的一种草地演变过程。在人类利用草地不超越草地负荷的限制时，且在天然植被的调节控制下，保持生态系统的相对平衡，环境也不发生剧烈的恶化。在过度放牧或开垦草地时，由于人工植被不能迅速建植，加之气候干旱，风蚀很容易造成草地沙化。

草地盐碱化：草地盐碱化是因其土壤含有氯化物、硫酸盐、碳酸钠和硝酸盐等盐类，这些易溶性盐类在土壤中进行重新分配和不断积累。当土壤盐碱化后，上面生长的植物必然受到影响。一般的植物当土壤含盐量达到0.2%～0.3%时，生长就受到影响。当土壤含盐量达到0.55%时，中性的牧草，如苜蓿便不能出苗。当土壤盐化严重时，如出现碱化盐土俗称"黑碱土"，地表上面几乎不长植物了。[①]

第三节　草地退化的成因分析

目前，对于草地退化的过程和原因已经有较多的研究。人类活动与气候变化是导致草地退化的重要原因。草地生态系统的变化过程总是伴随着相关的地理、气候、土壤、灾害等各种自然因素的作用，有时一两种自然因素（如火或洪水）就可能造成生态系统的退化。同时，由于地球上几乎所有的生态系统都存在人类利用或干扰印记，人类利用的不当也会导致生态系统的衰退。自然原因与人为原因可能共同起作用，最终导致草地的退化。大量调查研究表明，近30年大面积草地退化主要是由于人类不合理的活动所致，超载过牧和草畜供需失衡是主要矛盾，同时也有盲目开垦、滥樵乱探、工矿开发等的负面影响。不合理的政策导向也是草地退化的重要原因。据统计，从1991—1995年，政府每年用于草原牧区的建设费用约1亿元，每公顷可利用草地的产出仅0.45元。长期以来重视草地作为畜牧业基地的生产功能，轻视其生态功能，致使对草地的投入很少，草地生态系统的产出多于投入。一般认为，造成目前草地退化的主要原因是人为活动。但是，我们很难区分两者对草地退化的"贡献"分别有多大。对某一地区草地退化过程和原因的分析解释，必须经过大量的、长期的，甚至需要对比实验研究，才能得出客观而合理的结论。[②]

---

①赵志平，李俊生，翟俊，等. 三江源地区高寒草地退化成因及保护对策研究[M]. 武汉：中国环境出版集团，2018.

②魏巍. 浅谈西藏高原草地退化成因和生态恢复建议[J]. 西藏农业科技，2020，42(1)：120-121.

一、自然原因

　　地球上包括草地在内的生态系统受到自然环境中的各种因素影响。对于生态系统来说，一般自然因素主要是指各种物理条件，包括诸如光、温度、降水（降雨、降雪、露、雹）、气体含量等单一因素，以及气候、土壤、火烧、洪涝灾害、地质活动等复合因素。这些自然因素的剧烈变化，都可能直接或间接造成生态系统发生新的变化，就一个具体的生态系统而言，自然因素的生物条件，如外来种的入侵、鼠害与虫害种群的突然爆发，这些因素也同样能够造成生态系统的较大改变与退化。以上这些非人为控制造成草地生态系统退化的各种原因，可以称为自然原因。气候是影响草地退化的主要自然原因之一。近年来，全球气候变化体现在2个方面：一是随着大气CO_2浓度升高造成的全球平均温度增高；二是水分、温度等气候因子的变异率加大。

　　对于气候导致草地退化，当前在我国草地生态学界存在2种截然相反的观点。一种观点认为，干旱和半干旱草地的气候变化非常大，这里的生态系统在功能上表现为非平衡系统，其变化不是向确定的顶极状态发展，而是由一些不可预测的随机因素控制的，如降水、干旱等。过度放牧引起的草地退化，实际上可能是草地植被对气候等随机因素变化的反应。对于草地来说气候的干旱化，以及有限的降水量在空间与季节之间的分布不均，造成草地植被的生长受到不同程度的限制。在降水减少的同时，气温的升高又使土壤的蒸发量加大。所以，草地植被的水循环，以及与之相关的其他营养物质循环受到影响。草地植被不仅正常生长受到限制，而且出现退化演替过程。另外一种观点认为，气候变化是一个漫长而复杂的过程，仅凭数十年的资料难以判断气候变化的趋势。干旱和半干旱地区所观测到的温度升降和降水量增减均在植物正常生长的范围之内，尚不足以引起草地的迅速退化。李博的研究认为，从全国草地退化状况来看，气候变化不是20世纪60年代后的草地退化的决定因素，但气候在局部地区对草地退化有重要的影响作用。近年来，研究气候对草地资源的影响逐渐增多。张国胜的研究表明，青藏高原地区20世纪90年代牧草高度比20世纪80年代末期普遍下降30%~50%，这个变化与该区域气候变化有紧密的关系。方精云的研究认为，温度升高对草地上绝大多数植物生长产生不利影响。

随着研究的深入，研究者对气候的分析不再局限于笼统的分析气候的年度变化影响，部分研究者分析了季度气温与降水变化对土地荒漠化的影响，一些研究者甚至估算了气候变化对草地生产力的边际影响。例如，海春兴等对河北省坝上草原区荒漠化的研究表明，温度与冬季降水的变化是该地区荒漠化的最重要原因。吕晓英研究了我国西部主要牧区的气温、降水等气候因素的变化对产草量的影响，指出当降水量增加1mm时，青海省曲麻县天然草地每亩产草量平均增加1.6kg，气温平均升高1℃，甘肃省夏河县草地每亩产草量平均减少122.6kg（1亩≈666.67平方米）。

草地的鼠害和虫害也是造成草地退化的重要原因。鼠害在草地的发生面积有逐年增加的趋势。目前全国可利用草地面积的10%发生着不同程度的鼠害问题。草原上布氏田鼠、高原鼠兔、达乌尔鼠兔和高原鼢鼠等（也包括其他啮齿动物）对植物的啃食与挖掘活动造成草地植被及其土壤的破坏。例如，内蒙古自治区典型草原区布氏田鼠的栖居密度可达1384只/hm²，相应洞口密度为6920只/hm²，重灾年份牧草损失高达44%，一般年份也有15%~20%的损失。频繁发生鼠害，直接造成草地初级生产量损失和植被与土壤的退化。此外，草地虫害也可以造成草地退化。草地上通过采食牧草与家畜争食的昆虫称作害虫。害虫也会大量消耗牧草，加之高强度放牧，草地植被的再生受到抑制。草地上的害虫主要是草地蝗虫和毛虫。在适宜的气候条件下，十分容易暴发草地虫害。

二、人为干扰

草地退化是人为因素和自然因素作用下生态系统的逆向演变过程，人类活动因素在草地退化的驱动因素中占据主导地位。影响草地资源退化的人为活动因素主要包括过度放牧、人口增加、草地开荒、频繁割草、樵采滥挖、经济结构单一以及其他草原管理、利用的制度与政策。这些制度与政策因素主要包括草原产权、草原投资、围封、禁牧状况以及人工草场建设等。我国北方草地退化的根本原因是人为因素的作用，其中最主要的是对草地的过度开垦和过度放牧。

（一）草地开荒

草地开荒是人类对草地干扰的一种主要形式。草地开荒在世界诸多国家都有发生。例如，美国建国后，曾在一望无际的北美大草原上大规模开垦土地，种植小麦等粮食作物。大多数粮食作物是一年生植物，一方面种植作物直接破坏草地植被，另一方面由于种植粮食作物需要连年耕种，每年都必须翻耕土壤，土壤表层极易受到风蚀作用，借助风力在春秋季节可能被吹起，形成沙尘。如 1934 年在北美大草原上曾出现了"黑风暴"。"黑风暴"席卷了美国 2/3 的国土，草原开垦区域的植被有 15%~85% 被破坏，$4.5 \times 10^7 hm^2$ 已被开垦的农田不复存在，16 万名农牧民破产。其后，1963 年这种现象在苏联又重新出现。随着人口压力的不断增大，人类需要更多的粮食，也就自然采取破坏草地、森林和湿地来开垦耕地用以种植粮食作物。在一个世纪以前，人类的开荒面积有限，不可能对草原、森林等自然环境造成很大影响。然而随着开荒面积的迅速增大，开荒特别是草地开荒不仅直接减少了草地的总面积，而且会导致一系列相关后果，包括草原地区以及草原的邻近区域的生态环境遭到严重破坏，进而草地的牧业生产也受到很大影响，在草地上开荒会直接导致草地的沙漠化。

根据内蒙古自治区草地资源资料显示，从 1958—1976 年，内蒙古自治区开垦草地 $3 \times 10^6 hm^2$，其中 $9.3 \times 10^5 hm^2$ 为部队、兵团、学校、机关等在 16 个牧业旗累计开垦的。从 1986—1996 年，内蒙古自治区东部 24 个旗县开垦草地 $7.6 \times 10^5 hm^2$，并且都是开垦的优良草场。清代在今新疆维吾尔自治区塔里木盆地开荒 $6 \times 10^5 hm^2$。1986—1996 年，黑龙江省、内蒙古自治区、甘肃省、新疆维吾尔自治区 4 省、自治区，在新开的 $1.94 \times 10^6 hm^2$ 土地中，有 $9.5 \times 10^5 hm^2$ 撂荒。全国草原区 40 多年累计开荒 $6.7 \times 10^6 hm^2$，按开 $1 hm^2$ 荒地会使 $3 hm^2$ 草地沙化的比例计算，全国仅开荒就造成 $2.01 \times 10^7 hm^2$ 草地沙化。耕作破坏了草地植被，松散了生草土层，裸露松散的沙质土地在干旱的风沙中极易受到风蚀，每当风季来临，疏松的细沙土随风而起，成为沙丘的物质来源。过度开垦缩小了草地面积，增加了草地的牲畜负荷量，又引起草地植被的退化。这种连锁反应使开荒区草地变成了沙地。草地开垦对草地破坏的影响已经引起了很多研究者的关注。例如，王亦风针对黄土高原草地的研究指出，开垦草地是该区域草地退化的根本原因。暴庆五等的研究也支持同样的观点，指出中华人民共和国成立到 20 世纪 90 年代中期，我国开垦的草地面积约为 $1.87 \times 10^{10} hm^2$。

(二) 过度放牧

在草地上进行家畜放牧, 是历史上人类对草地利用的最主要方式。草地资源通过放牧家畜, 被直接转化为动物性产品。这是草地能被动物有效利用的一种方式。但是, 草地放牧利用的效果取决于草地放牧方式的合理性与科学性。草地放牧家畜的利用强度过高可以反映在放牧密度过高、放牧压过高和放牧频度过高, 草地就不能长期维持较高的稳定生产性能, 首先是草地植被退化, 其后是草地土壤退化。因此, 草地放牧压的确定是避免过度放牧的首要问题。过度放牧对草地的影响还体现在放牧家畜的采食方式与践踏作用。家畜采食方式的不同对草地植被影响有差异。例如, 绵羊对植物的采食方式是去顶、拔芯、摘叶。去顶是指家畜采食植物的生长点部分, 拔芯是指家畜采食时将植株上端嫩茎拔离, 留下空心叶鞘。去顶与摘叶都能刺激植物生长, 而拔芯对植物的伤害相对较大。放牧过程中的家畜还存在践踏作用, 又称家畜的蹄耕作用。目前, 对家畜的践踏作用研究的并不多。一方面, 已有的研究表明, 家畜在放牧过程中能够使植物由于践踏而损失。另一方面是践踏对草地土壤的影响, 家畜的放牧强度增大, 草地土壤的物理结构, 乃至化学性质都可能有不同程度的改变。基本上是过度放牧条件下, 土壤的硬度加大, 通透性降低, 变化的土壤物理与化学条件不利于植物根系生长。

过度放牧被很多研究者认为是导致草地退化最重要的人为因素。李青丰认为, 季节性 (春季) 超载过牧是草地退化的重要原因。随着牲畜数量的增加, 传统的四季放牧型畜牧业对草地的破坏最为严重。许鹏的研究指出, 过度放牧是内蒙古自治区草地退化最直接、起主导作用的因素。姜恕的研究也指出, 新疆维吾尔自治区草地退化的根本原因是过度放牧。很多研究者从自然科学的角度分析了过度放牧对草场及牧草的影响, 基本上证实了过度放牧对草原的危害。如马里奥 (Mario G.) 在墨西哥东北部草原区的研究发现, 过度放牧使草场的土壤容重、肥力, 植被的种类和数目发生了很大的变化, 提出过度放牧是造成草地沙化的直接原因。维恩霍德 (Wienhold) 用对比的方法分析了放牧对土壤特性的影响, 指出放牧强度影响牧草的密度和构成, 适度放牧则不会引起土壤退化。不同地区放牧对草地退化的影响可能不同, 但在导致内蒙古自治区草地退化的人为因素中, 过度放牧被认为是最大的人为因素。包国林认为, 放牧强度、放牧时间和布局不合理导致了科尔沁右翼中旗草地退化。

在定性地认识到草地过度放牧的危害后，一些研究者不断地思考内蒙古自治区草地畜牧业该如何进一步发展，一些人提出了转变经营方式，向现代畜牧业转变的观点。还有一些人的观点与此相类似，认为集约化经营是草地畜牧业发展的必由之路。

（三）频繁割草

割草是草地另一种十分重要的利用方式。割草对草地来说，没有上面谈及的家畜践踏作用问题。但是，割草的强度会直接影响草地植被的动态，包括改变植被的物种组成，以及植被的生产力。随着割草强度的持续增加，植物种类向着单调的方向发展，羊草+杂类草群落逐渐变成羊草+寸草苔群落，割草的强度继续增加，草地的植被就会消失，最终出现碱斑的景观。可见，频繁的割草同放牧一样，也会直接造成草地植被的退化，进而影响草地生境条件的改变。因此，过度割草对草地的影响在生产实践中也不能忽视。

（四）樵采滥挖与开矿等

樵采滥挖与开矿等行为也是影响草地退化的人为因素。草地不仅为畜牧业发展提供牧草饲料，而且盛产大量的药材和野生植物，还有相当多的灌木林，并且很多地区的草地地下蕴藏着丰富的矿产资源。因此，一些地区的人们就樵采灌木作为薪柴，同时为了增加经济收入，开始大规模地、频繁地掘野菜和药材。例如，发菜是一种珍贵的食用菌，盛产于荒漠地区，每当春秋季节成千上万的人在草地上来回搂，对草地造成极大的破坏，将本身生态系统就很脆弱的草地搞得"千疮百孔"。很多研究者分析了这些行为对草地退化的影响，指出草地上进行大规模的樵采与滥挖加速了草地退化。草地上樵采、挖药材、搂发菜等活动对草地植被均有一定的影响，而且常被认为是草地退化的原因之一。例如，内蒙古自治区赤峰市敖汉旗草地产有铃兰、玉竹、黄精、苍术、甘草、麻黄、黄芩、防风等多种名贵中草药。多年来人们只采挖，不培育。这不仅使中草药的数量下降，而且在草地上留下了大量坑穴、土堆，形成大块"斑秃"，引起草地退化。内蒙古自治区鄂尔多斯市的农牧民，20世纪七八十年代为了解决薪柴等问题，每年要大量樵采沙蒿、沙柳、乌柳、柠条等，每户每年仅为烧柴就要破坏草地40亩（15亩=1hm²）左右。胡自治指出减少草地牧区工矿业无序开发带来的环境破坏，是恢复和保护西部生态环境的重要内容。修长柏和许志信的研究也指出，不适当建矿等行为也在一定程度上加重了草地资源的退化。

（五）草地利用的低投入

造成草地退化的人为干扰原因，除了以上谈及的草地开荒、过度放牧与割草等外，还有对草地的低投入。对草地这一生态系统不进行人为的投入，或者投入较少，也被认为是造成草地退化的不可忽略的原因。草地生态系统如同农田生态系统一样，都是人类利用强度较高的生态系统。尽管这些利用程度较高的生态系统的大部分能量与物质来源于太阳，以及系统外界的土壤圈、水圈、大气圈等，但是，为了使利用的生态系统有一定水平的生产产品的能力，需要对系统不断进行能量和物质投入。如果不对草地生态系统给予适当投入，草地的产品输出（包括草产品与畜产品等）就会越来越少，直至草地退化。以往人们对草地的投入一直有不正确的认识，认为草地可以完全依靠自然的输入达到平衡，没有必要进行额外投入。几千年以来，草原地区的游牧民族的游牧方式也一直能够维持草原的生产，使人错误地认为草原是可以不投入而永续利用的。事实上，这种认识是不正确的。第一，我国大面积草原经过了数千年的利用而未进行任何投入，其结果是目前有60%以上的草原已经处于退化状态；第二，在传统草原利用方式下的生产，其生产效率相对较低，而且生产的稳定性很差，尤其在草原饲草供应不足的冬春季节，大部分家畜得不到足量饲草，营养平衡失调，每年有大量家畜死亡，草地的总体生产效率一直处于较低水平。

（六）人口增加

牧区人口增加被认为是促使草地过度利用最终导致草地退化的重要原因。实际上，在中国的农村和牧区，人口压力与环境退化之间存在着紧密的联系。牧区人口压力与草地退化之间的关系很容易理解，随着人口压力的增加，人均收入水平下降，财政压力日趋扩大，使牧民不得不大幅度提高草场的利用强度，以致最终使自然资源开始遭到破坏。随着自然资源基础的下降，这一过程产生了第二轮效应，即财政压力日复一日地进一步扩大，反过来又迫使牧民进一步增加对草场的利用强度。草地资源虽然是可以再生资源，但在草场一定的情况下，人口越多就需要增加更多的牲畜头数，因而就越容易超载过牧，最终导致草地退化。内蒙古自治区 33 个牧区旗县，1950—1980 年年均增加人口约 9 万人；1981—2000 年年均增加人口约 4 万人；总人口由 1950 年的不足 100 万人增加到 2000 年的 500 多万人。包玉山等的研究深刻分析了人口增加对草地退化的影响，指出解决由于人口增加带来的草畜矛盾和人畜矛盾的基本途径是建设生态环境和控制本地区的人口规模。许成安等的研究同样支持上述观点，指出我国西部地区生态环境恶化的根本原因是人口过多，提出了人口迁移和减少牧区人口数量的政策主张。实际上草地上很多不合理的人类活动是由于人口增加引起的，人口增加是最终导致草地退化、沙化的主要原因。人口大量增加不仅会加速草地沙化和退化的进程，而且影响到其退化的深度和广度。

(七) 草地管理制度与政策

草地管理制度与政策在一定程度上也可能加剧草地退化。早在 1968 年，国外学者加勒特·哈丁 (Garrett Hardin) 通过对公共草地的分析，在 Science 杂志上发表文章认为公共草地永远长不好，最后只能是一场悲剧。近年来，我国的一些学者开始研究草地退化、荒漠化与制度的关系。其中，草地产权是很多研究者认同的、导致草地过度利用，最终导致草地退化的重要原因。李仲广等认为，产权不完善是导致我国草地过度利用，最终退化的重要原因。并提出了全面落实草地所有权，建立适宜的草地放牧制度，采取一定经济手段增加放牧成本等建议。许成安等的研究也得到了类似的结论，他们还运用一个简单的数量模型，证明了具有公共资源特点的中国草地被过度利用的必然性。由此提出了加大制度创新、政府干涉（征收牛羊税）、减少或迁移牧区人口等建议。宁宝英等对肃南县草地退化的研究指出，制度不完善导致该县草地退化，提出完善草原法规、加强管理和创新草业发展制度等对策。蔡博峰对内蒙古自治区巴林右旗草地退化的研究指出，没有明确和稳定的产权是过度放牧，进而导致草地退化的重要原因。

第四节 退化草地诊断与生物环境指示

一、草地是否退化

任继周院士依据土壤稳定性和流域功能、营养和能流分配、恢复机制3个指标，提出了"三阈"，即健康阈、警戒阈、不健康阈划分标准，建立了评价草地健康与功能和谐的尺度。并指出从健康阈向不健康阈的发展就是草地退化的过程。找到从健康阈到警戒阈的分界线和从警戒阈到不健康阈的分界线这2个阈值，是研究草地是否退化的关键所在。

二、草地退化等级与生物环境指示

草地退化到什么程度？退化后有什么表现？这是人们特别关心的基本问题。世界各国草地学家针对不同角度提出了退化草地等级标准以及生物环境条件在各个级别的表现。桑普森（Sampson A.W.）的土壤有机质诊断；汉弗莱（Humphrey R.R.）的可利用牧草产量占总产量的百分比诊断；戴克斯特豪斯（Dyksterhouse）以减少种、增加种和侵入种反映植物群落的种类组成，以及它们盖度或地上部分生物量所占比重反映植物群落的结构变化，后由美国土壤保持协会制作草地退化分级图解。任继周以草地植物经济类群和特征植物、地表状况、水土流失现象、土壤有机质和酸度为指标的综合判断法。王德利在内蒙古自治区呼伦贝尔市羊草草地不同放牧半径的研究，运用演替度即植被演替阶段背离顶极群落的程度来指示草地退化的程度。刘钟龄等对内蒙古自治区典型草地退化序列的监测和测定，将植物群落生物产量的下降率、优势植物衰减率、优质草种群产量下降率、可食植物产量下降率、退化演替指示植物增长率、株丛高度下降率、群落盖度下降率、轻质土壤侵蚀程度、中重质土壤容重硬度增高、可恢复年限10个指标作为退化程度的鉴定指标，并提出草地退化分级标准和体系。任继周院士根据放牧过程中草地植物的负荷对策的表现提出了草地退化的5个级别，分别为轻度退化、明显退化、严重退化、极度退化、彻底破坏，以及判断草地退化等级的标准和系统。这些退化草地的等级标准及其生物环境指示在退化草地理论研究和实践应用上发挥着重要作用。

三、草地退化的诊断

草地退化是在脆弱的生态地理条件下由于不合理的管理与超限度利用所造成的逆行生态演替，致使植被生产力衰退、生物组成更替、土壤退化、水文循环系统改变、近地表小气候与环境恶化。可见，草地退化是多因素叠加作用于草地生态系统的复杂过程。因此，对于草地退化的研究也是多方面的。

草地植被对于草地退化的响应方面：草地退化过程中植物耐胁迫性、退化草地植被生产力的变化、退化草地群落性质与特征、退化草地在群落恢复演替过程中植物种群动态的变化等。

退化草地生态环境变化方面：龙章富等对四川省若尔盖县3种不同退化程度的草地土壤生化活性进行测定和分析，结果表明，土壤生化活性随着退化程度增高而减小；魏永胜等对退化草地土壤水分因素进行了研究；刘颖茹等认为在草地沙化过程中，土壤氮、碳含量减少，质地变粗，土壤的氮、碳含量与黏粒含量之间相关性显著。

草地退化驱动力方面：一般认为，草地退化是由于超载过牧、过度利用造成的。李博认为，造成草地退化的驱动力主要是人为不合理地利用草地资源。另外，天气、气候等自然条件的变化也对草地退化起到了推波助澜的作用。

退化草地改良、恢复方面：沈景林等对青海省高寒地区的退化草地进行了退化改良研究。王炜、刘钟龄等对内蒙古自治区典型草地退化群落的恢复演替进行了一系列的研究。

草地退化监测、诊断方面：李博在讨论草地退化指标及其等级划分的基础上，编制了中国北方退化草地分布图。统计分析表明，北方草地退化面积达$1.38×10^8 hm^2$，占该区草地总面积的50.24%。近15年来，退化以每年1.9%的速度在扩大。仝川依据草地主要作为畜牧业基地的原则，对于天然草地放牧与割草退化，以内蒙古自治区锡林浩特市为研究区，进行草地退化指数的设置与指标值获取的研究，从指标整合的角度出发，构造出能同时表征草地退化面积信息与草地退化等级信息的草地退化指数，并运用地面调查、遥感影像与地理信息系统（GIS）相结合的方法具体测算了研究区域草地退化指数。随着3S（遥感RS、全球定位系统GPS、地理信息系统GIS）技术的不断发展，人们对于退化草地的诊断方法也经历了从单纯依靠地面调查到与3S技术相结合的发展过程。①

四、传统的诊断方法

从草地退化出现开始，人们关于草地退化判别、退化等级的划分等方面的研究就没有停止过。传统的研究主要是针对不同的草地生态系统，依据一定的衡量标准，通过地面调查以及一些观测数据建立草地退化指标，进而划分草地退化等级，这方面的研究为退化草地的监测和诊断提供了重要的依据。

草地退化不但范围广，而且导致退化的原因也不相同，所以关于制定退化指标体系的讨论有很多。李博从天然放牧系统草地退化的角度，认为草地退化指标应该从5个方面来衡量：草地生态系统对太阳能的利用率以及在系统内的转化效率应是衡量系统状态的最重要的指标；草地质量主要是指草地植物的营养成分和适口性的高低，一般可由种类组成来衡量；草地环境的变化；草地生态系统的结构与食物链；草地自我恢复功能。自我恢复功能是草地生态系统是否健康的重要标志，在过度放牧的影响下，草地自我恢复功能会逐渐降低，直至完全丧失。

我国学者从不同角度提出了退化草地等级标准以及生物环境条件在各个级别的表现，并通过这些标准对草地的退化状况进行诊断。朱兴运、任继周等提出了以草地植物经济类群和特征植物、地表状况、水土流失现象、土壤有机质和酸度为指标的综合判断法。曹永宏、王德利等通过对内蒙古自治区呼伦贝尔市羊草草地不同放牧半径的研究，提出运用演替度即植被演替阶段背离顶极群落的程度来指示草地退化的程度。李博选取植物种类组成、地上生物量与盖度、地被物与地表状况、土壤状况、系统结构、可恢复程度等几个指标将草地退化划分为4级，即轻度退化、中度退化、重度退化和极度退化。内蒙古自治区提出了内蒙古自治区地方标准——《内蒙古天然草地退化标准》（DB15/T 323—1999），依据此标准，草群基本外貌、草地优势植物、退化指示植物、草地生产力以及

---

① 李建龙. 草地退化遥感监测[M]. 北京：科学出版社，2012.

地表土壤等的变化情况均作为草地退化诊断的标准，并将内蒙古自治区天然草地——草甸草原、典型草原、荒漠草原分别划分出轻度退化、中度退化、重度退化3种退化类型。

刘钟龄等通过对内蒙古自治区典型草地退化序列的监测和测定，将植物群落生物产量下降率、优势植物衰减率、优质牧草种群产量下降率、可食植物产量下降率、退化演替指示植物增长率、株丛高度下降率、群落盖度下降率、轻质土壤侵蚀程度、中重质土壤容重硬度、可恢复年限10个指标作为退化程度的鉴定指标，并提出草地退化分级标准和体系，将内蒙古自治区退化草地划分为轻度退化、中度退化、强度退化和严重退化4个级别，又分别按照优势植物种群的衰减与更替、退化演替指示植物的出现率、群落中植物组成的放牧可食性对退化草地进行诊断。

陈佐忠等从生物和非生物的角度探讨了内蒙古自治区典型草原区退化草地生态系统的基本特征，以地上生物量与盖度、地被物与地表状况、啮齿类动物指示、蝗虫类动物指示、土壤状况指示、土壤动物指示、土壤微生物指示、系统结构、可恢复程度9个指标将内蒙古自治区锡林郭勒盟典型草原区的羊草草原和大针茅草原划分为轻度退化、中度退化、重度退化、极度退化4个退化等级。

这些传统的退化草地判别标准及其生物环境指示在退化草地理论研究和实践应用上发挥了重要作用，但是面对我国约占国土面积41%的天然草地和90%的草地已经退化这样严峻的事实，仅仅依靠传统的监测方法不但要花费大量的人力、物力和财力，而且数据获取的周期很长，时效性很差，很难及时为草地经营管理服务。因此，利用3S技术大范围监测草地资源，评价草地退化状况，显得尤为重要。

第二章　草地生态系统的组成结构与地位

第一节　草地生态系统的概念

一、草地生态系统的概念

草地生态系统（grassland ecosystem）是指在一定草地空间中共同栖居着的所有生物（即生物群落）与其环境之间不断地进行物质循环、能量流动和信息传递的过程中而构成的功能综合体。地球上的森林、草地、荒漠、海洋、湖泊、河流等生态系统，不仅外貌有区别，形成的生态环境各异，而且生物组成也各有特点。草地生态系统的植被以各种多年生草本植物为主，这个生态系统是地球上最重要的陆地生态系统之一。

系统（system）是指彼此之间相互作用、相互依赖、有规律地联合的集合体，是有序的整体。一般认为，构成系统至少要有3个条件：第一，系统由许多成分组成；第二，各成分之间不是孤立的，而是彼此互相联系、互相作用的；第三，系统具有独立、特定的功能，各成分之间彼此协调，共同完成一定的功能。

系统是客观事物存在的普遍形式。例如，动物的消化系统由口腔、食道、胃和肠道等组成，行使消化食物的功能；生物个体都是由若干器官构成的，这些器官也相互联系，共同完成新陈代谢、生长发育等功能。一部机器、一条生产线、一个企业，甚至从家庭到社会的各个方面，都无不以系统的形式存在着。草地生态系统也同样具备系统的条件，它是由植物、动物、微生物等生物成分和气候、土壤、水、无机养分等非生物成分等构成的，这些成分之间相互联系、相互作用，完成能量流动、物质循环、信息传递、物质生产、调节气候、维持地球环境相对稳定等功能。

草地生态系统是草地生态学中的重要概念之一，已成为草地生态学研究的主要对象，是草地管理与生产的基本单位。如何管理利用各类草地资源，必须从研究草地生态系统结构与功能入手。草地生态系统与地球上大部分自然生态系统一样，具有维持稳定、持久、物种之间协调共存等特点，这是长期进化的结果。同时，草地生态系统也源源不断地生产出畜产品，满足人类生存的需要。但是，由于不合理地放牧利用，造成了大多数草地生态系统的退化、沙漠化和盐碱化，使草地的生产力下降，也影响了草地畜牧业的持续健康发展。研究草地生态系统的结构和功能规律，寻找维持草地生态系统的持续性机理，进而能够实现对草地生态系统的科学管理，以及对受损草地生态系统的恢复与重建。[1]

二、草地生态系统的主要成分

草地生态系统是由生物因素（biotic factors）和非生物因素（abiotic factors）组成的。生物因素包括植物、动物和微生物。非生物因素包括气候、土壤、水、二氧化碳（CO_2）和无机盐类。这些成分之间不断地进行着能量流动和物质循环。不同地区、不同类型的生态系统，其环境条件和生物种类组成都不同，外貌也不一样，而从其营养结构上看，任何生态系统都可以分为生产者、消费者、分解者和环境4个部分。草地生态系统的4个主要成分如下。

（一）非生物环境

非生物环境（abiotic environment）包括以下因素：参加物质循环的无机元素和化合物（例如C、N、CO_2、H_2O、O_2、Ca、P、K，联系生物和非生物成分的有机物质——蛋白质、糖类、脂类和腐殖质等），气候或其他诸如温度、气压等物理条件，太阳能（驱动草地生态系统运转的能源）。

（二）生产者

生产者（producer）是能以简单的无机物制造食物的自养生物（autotroph）。草地生态系统的生产者主要由各种绿色植物组成，其中以多年生草本植物（perennial herb）占较大优势，特别是禾本科植物。在受到重度

①陈佐忠，汪诗平. 草地生态系统观测方法[M]. 北京：中国环境科学出版社，2004.

放牧干扰的情况下或其他局部区域内，一些小灌木（undershrub）或半灌木（subshrub）起着较大的作用；而盐碱化、沙漠化或更加干旱的区域，一年生植物（therophyte）占优势地位。草原上的牧草属于绿色植物，具有叶绿素，能够利用太阳能，通过光合作用把吸收的水和二氧化碳合成碳水化合物，太阳能就以化学能的形式被固定在碳水化合物中，再在各种代谢过程中与无机盐类合成其他有机物质。这些物质既是草地生态系统中其他生物的食物来源，也是进行物质循环和能量传递的物质基础。

（三）消费者

消费者（consumer）为生态系统中的异养生物（heterotroph）。它们不能直接利用无机物制造有机物质，而是直接或间接依赖生产者制造的有机物质作为其生存的食物来源。草地生态系统的消费者按其在营养级中的地位和获得营养的方式不同可以分为如下几类。

1.食草动物

直接以植物为食物的动物。例如，食草哺乳动物（野兔、鼠类、羚羊、狍子和牛、羊、马等家畜），食草性昆虫（蝗虫、毛虫等）。食草动物（herbivore）又统称为初级消费者（primary consumer）。

2.食肉动物

以食草动物为食物的动物。例如，以食草哺乳动物为食的狼、狐狸、草原斑猫、猫头鹰等，以食草昆虫为食的蛙类、刺猬、缺齿鼹、麝鼹、家燕等。这类动物又称食肉动物（carnivore），或者称为次级消费者（secondary consumer）。

3.顶级食肉动物

以食肉动物为食物的动物，也常捕食食草动物。顶级食肉动物（top carnivore）是大型食肉动物，包括鹰、雕、鹫、兔狲、雪豹等，也称为三级消费者（tertiary consumer）。

4.杂食动物

它们既食植物也食动物，如麻雀、雉鸡、鹌鹑、斑翅山鹑等一些鸟类。从食性上讲，人类也属于杂食动物（omnivore）。由于杂食动物和顶级食肉动物的存在，使草地生态系统的食物链（food chain）结构相互交织，形成了复杂的食物网（food web）。

(四) 分解者

分解者 (decomposer) 是异养生物, 作用是把动植物残体中复杂的有机物分解成生产者能重新利用的简单无机物, 并释放出能量, 作用与生产者正相反。分解者在生态系统中的作用极为重要, 如果没有它们, 动植物尸体将会堆积成灾, 物质不能循环, 生态系统将最终毁灭。分解作用不是一类生物所能完成的, 往往有一系列复杂的过程, 各个阶段由不同的生物执行。

草地生态系统的分解者有 2 类, 分别是微生物 (microorganism) 和土壤动物 (soil fauna)。微生物包括细菌 (bacteria)、真菌 (fungi) 和放线菌 (actinomycetes)。细菌有芽孢型细菌、好气性细菌、嫌气性细菌等; 真菌有丝状真菌和各种伞菌。土壤动物包括原生动物、线虫、轮虫和螨类等体型在 $100\mu m$ 以下的小型土壤动物 (soil microfauna), 线蚓、小型甲虫、螨类、弹尾目昆虫和双翅目幼虫等体型为 $100\mu m \sim 2mm$ 的中型土壤动物 (soil mesofauna), 以及体型为 $2 \sim 20mm$ 与体型大于 $20mm$ 的大型土壤动物 (soil macrofauna) 和巨型土壤动物 (soil megafauna)。

草地生态系统中的生物成分, 依据营养方式和生态过程, 可划分为生产者、消费者和分解者 3 个亚系统。这些生物成分与非生物成分——无机环境系统 (简化为无机营养物质和 CO_2), 构成了草地生态系统四大不可缺少的基本成分。各成分之间相互联系、相互作用, 形成了草地生态系统的整体结构 (图 2-1)。生产者通过光合作用合成复杂的有机物质, 使生产者植物的生物量 (包括个体生长和数量) 增加, 这一过程称为生产过程。消费者摄食植物已经制造好的有机物质 (包括直接的取食植物和间接的取食食草动物和食肉动物), 通过消化和吸收再合成为自身所需的有机物质, 增加动物的生产量, 这个过程也是生产过程。分解者的主要功能与光合作用相反, 把复杂的有机物质分解为简单的无机物, 体现为分解过程。由生产者、消费者和分解者这 3 个亚系统的生物成员与非生物环境成分间通过能流和物流而形成的高层次的生物组织, 物种之间、生物与环境之间的协调共生, 能够维持系统的持续生存和相对稳定。草地生态系统是地球上生物与环境、生物与生物长期共同进化形成的, 研究和认识其中的生物协调共生, 以及系统的持续生存和相对稳定机制, 可以给人类科学地管理利用草地资源提供坚实的理论基础。

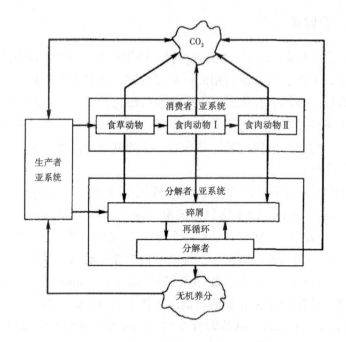

图2-1　草地生态系统主要结构成分模型

第二节　草地生态系统的环境特点

　　尽管国内外对草地有不同的理解和解释，但是对本质的认识还是比较一致的，即草地是草类与着生的土地构成的自然综合体。"草"指的是构成草地的主体，即各种草本植物；"地"指的是土地及环境要素。地球表面的水热分异是决定各类陆地生态系统形成及其分布的主要生态因子，由于所处的地理环境或水热状况的不同，草地生态系统可划分为不同的生态类型。以水为主导因子，草地可划分为旱生的草原、中生的草甸和湿生的沼泽化草甸；以温度为主导因子，草地又可进一步划分为温带草原、热带草原、高寒草原、温性草甸（典型草甸）、高寒草甸。

一、草地生态系统的气候环境

　　在各类草地生态系统中，草原是一种地带性景观类型，也是最重要的草地生态系统。草原可分为温带草原和热带草原两大类。它们的形成与气候环境有着密切的关系，其中水分和热量组合状况是影响草原分布的决定因素，低温少雨与高温多雨的配合有不同的生态学效应。

热带草原的植物群落特点是高大禾草（常达2~3m）背景上散生一些不高的乔木，因此又称稀树草原或萨王纳（Savanna）。稀树草原主要分布于非洲、南美洲和澳洲。热带草原的气候环境特点是高温多雨，全年降水分配不均，年均温度变化不大，干湿季节变化明显。不同地区热带草原的年降水量为800~1500mm，从绝对数量上看降水量并不低，而全年的分配极不均匀。例如，巴西东部在5—8月内降水量只有100mm，雨季平均温度为18℃~21℃，旱季平均温度为14℃~15℃；而非洲西部6—9月降水量仅有10mm，雨季和旱季平均温度分别为20℃~24℃和18℃~20℃。在我国的热带和亚热带南部，局部地区也发育有受季风气候或地形变化影响所形成的热带草原。大多数草原是由于森林受到人为破坏后产生的次生植被，主要分布于华南地区和西南地区。

温带草原主要分布于南北两半球的中纬度地带，如欧亚草原（Steppe）、北美草原（Prairie）和南美草原（Pampas）。温带草原的气候环境特点是大陆性特征明显，低温少雨，夏季温和，冬季寒冷，春季或晚夏有明显的干旱期，年降水量为150~600mm，年均温度为-3℃~9℃，最冷月平均温度为-29℃~7℃。温带草原的植物群落特点是草群较低，地上部高度多不超过1m，以耐寒的旱生禾草为主。我国温带草原集中分布的地区为北纬35°~51°，南北延伸16个纬度，东西绵延2500km，海拔高程为100~5000m。在经向的水分梯度上，自东向西依次分为草甸草原、典型草原和荒漠草原；在纬向的温度梯度上，可分为中温草原和暖温草原；在垂直的水热梯度上，位于海拔4000m以上的青藏高原分布有高寒草原。高寒草原是大陆性气候强烈，寒冷而干旱的高海拔地区所特有的一个草原类型，它以耐寒抗旱的多年生丛生禾草、根茎苔草和小半灌木为建群种。高寒草原地区年均降水量为100~300mm，年均温度为-6℃~0℃，最热月只有6℃~12℃，极端最低温度可达-40℃；冬季多大风，天气晴燥，蒸发剧烈，太阳辐射极强。从地理分布可以看出，草原处于湿润的森林和干旱的荒漠之间。靠近森林一侧，气候半湿润，草群繁茂，植物种类丰富，生产力较高；靠近荒漠一侧，雨量减少，气候变干，草群低矮稀疏，植物种类组成简单，并常混生一些旱生小半灌木或肉质植物，生产力较低；在上述两者之间为辽阔而典型的禾草草原。

草甸是草地生态系统中另一个重要的生态类型。草甸是以中生草本植物，包括中生、旱中生和湿中生植物为主体的草地生态系统，它可以作为优良的放牧场和割草场。草甸的牧草种类丰富，生产力水平较高。草甸分布广泛，类型繁多而复杂，没有明显的地带性，在森林、草原、荒漠、高原（山）、海滨、湖滨等低湿地上，以及在温带、寒带、亚热带和热带地区均有草甸分布，但温带和寒带面积较大，在亚热带和热带主要出现在高大山地和高原地区。草甸是在较湿润的水分条件下（包括降水、地面径流、地下水和冰雪融水各种来源的水分）形成和发育起来的，适中的水分环境是草甸发育的重要条件，而环境与发育地的气候相适应。我国草甸主要分布于青藏高原东部、北方温带地区的高山和山地，以及平原低地和海滨。草甸可分为典型草甸、草原化草甸、沼泽化草甸、盐生草甸和高寒草甸5个生态类型。在高原和山地降水量较高（400～700mm）、温度较低、大气比较湿润的地区，以及在草原区和荒漠区低地，降水量虽然较少（为400mm，甚至100mm以下），但地表径流和地下水丰富的地区也有草甸发育。①

二、草地生态系统的土壤环境

土壤是岩石圈表面能够生长植物、动物的疏松表层，是陆生生物生活的基质，它提供了生物生活所必需的矿物质元素和水分，因此它是陆地生态系统中物质与能量交换的重要场所。同时，土壤本身又是陆地生态系统中生物部分和无机环境部分相互作用的产物，因此土壤类型常与陆地生态系统类型相对应而存在。例如，暗棕壤与温带针阔混交林相对应，栗钙土与典型草原相对应，盐碱化草甸土与盐生草甸相对应。由于植物根系和土壤之间具有极大的接触面，在植物与土壤之间发生着频繁的物质交换，彼此强烈影响，因而土壤是一个重要的生态因子。在生产活动中，人们试图控制环境以获得更多的收成时，常发现不容易改变气候因素，但却能改变土壤因素，因此增加了研究土壤因素的重要性。认识草地生态系统土壤环境的特点，是实现草地资源科学管理和合理利用的重要内容。

---

① 刘洋洋，任涵玉，周荣磊，等. 中国草地生态系统服务价值估算及其动态分析[J]. 草地学报，2021，29(7)：1522-1532.

（一）草地生态系统的土壤环境

草地生态系统的环境特点是相对干旱或有明显的干旱期，因此土壤的物理、化学和生物性质也反映了其气候环境的特征。

热带草原土壤为砖红壤、红棕壤和砖红壤化红壤。土壤环境多是在高温多雨、干湿季明显的气候下形成的。由于雨季降水量较大，土壤淋溶强烈，常年高温的气候使草原枯落物分解速率提高，土壤比较贫瘠。热带草原土壤呈酸性（pH=4.0～5.5），N、P、S、Ca、Mg等元素都极为贫乏，Fe、Al氧化物含量高，有机质平均仅为3.7kg/m²，较热带森林低64.4%，仅是温带草原的19.3%。由于热带草原土壤的砖红壤化过程占优势，存在着Fe_2O，黏合成的坚硬的砖红壤层，因此热带草原土壤的透水性差，不利于乔木生长。

温带草原的主要土壤类型为黑钙土和栗钙土，在高海拔地区为高寒草原土。尽管温带草原植物生产力较低，转化到土壤有机质库中的植物残体较少，但由于环境比较干旱，受可利用水分的限制，有机质分解速率较低，因而土壤中仍含有大量的有机质，平均可达19.2kg/m²。我国温带草原土壤表层有机质含量为2%～7%，N、P、K等营养元素含量处于中等或较低水平。温带草原土壤的$CaCO_3$含量高，呈碱性（pH=7.5～8.0），地下水位较深。由于气候干旱，降水量低，不足以维持乔木生长，加上土壤淋湿的土层浅，在50～60cm或1m左右的深度沉积成坚硬的钙积层。由于乔木根系不能穿透钙积层等原因，导致了温带草原呈现辽阔无林的景观。

（二）草甸生态系统的土壤环境

草甸生态系统的土壤是各气候带中受过量水分条件影响的土壤。由于地形低洼积水，地下水位较高，并受到大气湿度较高等各种因素的影响，形成了典型草甸土、高寒草甸土、盐碱化草甸土和盐碱土等。典型的草甸土壤呈中性或弱酸性（pH=6.0～7.5）。由于地下水位高，土壤温度低，枯落物分解较慢，腐殖质层深厚，有机质及N、P、K含量高，因此草甸的土壤比较肥沃。目前，大面积的优质草甸群落已被开垦为农田，成为主要的农业用地。在这些被开垦的草甸上可种植水稻、小麦、玉米、高粱、大豆、棉花、花生等各种农作物。总的来说，草甸土壤的类型比较复杂，而且不同的地域差异也较大。

（三）中国主要草地土壤类型及特点

中国草地土壤类型主要包括：温带半湿润区和半干旱区的各类碳酸盐风化壳所形成的草原土壤，如黑钙土、栗钙土和高寒草原土，以及各气候带受过量水分条件影响所形成的各种草甸土壤，如典型草甸土、盐化草甸土、浅色草甸土和高寒草甸土。我国北方的湿润到干旱的地区，在地形低洼、地下水位较高的平原闭流区域、河流下游的泛滥平原和东南滨海地区，分布着受蒸发量大及海水浸渍影响所形成的盐碱土，如盐土和碱土，以及干旱温带和极端干旱暖温带的风沙土。

1.黑钙土

黑钙土（chernozem）分布在东北平原中部，大多已开垦为农田。黑钙土的原生草地植被为草甸草原。黑钙土剖面一般可分为腐殖层、淀积层和母质层。黑色腐殖层厚 30～80cm，浅灰色或黄棕色。淀积层中碳酸盐积聚明显，多呈斑块状或结核状，具有强烈的泡沫反应，石灰含量为 8%～30%。黑钙土母质层中含有少量的碳酸钙。这些特征表明，黑钙土具有腐殖质积累过程和钙化过程。黑钙土的全剖面呈强碱性反应，土壤有机质含量较高，为 5%～7%，比较肥沃。在岗地淡黑钙土中有机质含量稍低，为 3%～4%。在低平地形上因受地下水位较高的影响，常有不同程度的盐渍化和碱化特征。在代换性盐基的组成中，除有钙、镁之外，还有相当量的钠出现。

2.栗钙土

栗钙土（chestnut）是温带半干旱气候下内蒙古自治区中北部及东北地区西部山前台地的典型草原土壤。表土腐殖质层较黑钙土薄，一般厚为 25～45cm，不超过 60cm。栗钙土的钙积层非常明显，而且坚实，含碳酸钙含量较高，全剖面呈碱性反应。石灰性反应在暗栗钙土中从中性腐殖层以下开始，而淡栗钙土则从碱性表土开始。土壤有机质含量较低，表层可达 2%。栗钙土地区的地下水位较低，土壤剖面一般无碱化特征，剖面下部没有可溶性盐和石膏的聚积层，其质地也以轻壤和沙质为主，或含沙砾，机械淋溶不明显，黏化特征微弱。二氧化物在栗钙土的剖面中变化不大，土体的硅铝率大（4.5～9.0），黏粒部分的硅铝率在剖面中变化不大，这表明在成土过程中矿物部分未被破坏，黏土矿物组成以蒙脱石为主。

3.高寒草原土

高寒草原土（alpine steppe soil）分布于羌塘高原中、南部海拔4400～5200m的高原上，草地植被为高寒草原。受高寒气候强烈冻融作用的影响，土壤微生物数量极少，活动微弱，从而制约了土壤的现代成土过程。土壤土层薄，粗骨性强，细土物质少，杂有较多的砾石，有机质含量低。成土母质在山地主要为花岗岩、灰岩、砂岩、砾岩等风化的残积风化壳和堆积物，在平地以湖积物、洪积物和冲积物为主，剖面中沙砾含量多，黏粒有下移现象。高寒草原土的全剖面呈碱性反应，碳酸钙含量高，有钙积层形成趋向，但是盐分的聚积并不明显。土壤剖面中的二氧化硅含量高，铁铝含量较低，尤以铝含量在表层更低。土壤中的黏土矿物以伊利石为主，高岭石次之，蒙脱石较多。

4.典型草甸土

典型草甸土（saline meadow soil）多分布在湿润区、半湿润区、半干旱区和干旱区河流泛滥地，地下水的水化学类型多为重碳酸盐水。其上草地植被为典型草甸群落，如羊草+杂类草草甸、苔草草甸或杂类草草甸。草甸群落的植物种类组成十分丰富，尤以双子叶植物居多。草甸的外貌华丽，俗称"五花草塘"。土壤剖面一般呈中性反应（pH=7.0～7.5），多含有碳酸钙。有机质含量可达4%甚至8%以上，N、P、K含量比较丰富，加之土壤水分含量较高，有效状况较好，土性肥沃。土层中含有铁结核，有潜育化现象，呈黄棕色。土壤中的代换性盐基总量较高，以钙、镁为主。

5.盐化草甸土

盐化草甸土（saline meadow soil）多分布在海滨地区和内陆的东北平原，黄淮海平原以及半湿润、半干旱和干旱地区的湖边或河边。天然草地植被为盐化草甸群落，如分布于内陆地区的羊草+杂类草草甸、拂子茅草甸，分布在东南沿海海滨地带的绢毛飘拂草草甸等。土壤中除含钙、镁外，海滨地区因受海水浸润影响，地下水化学类型以氯化物为主，而内陆则为硫酸盐、氯化物、重碳酸盐。土壤中含盐量多为0.2%～0.5%（pH=8.0～9.0）。此类土壤比较肥沃，在东北内陆地区，常与盐碱土呈复合形式出现。由于大部分作物在盐碱土上难以生长，这类草甸没有被大面积开垦。

6.浅色草甸土

浅色草甸土（light meadow soil）分布在黄淮海平原上，由堆积型碳酸钙风化壳（黄土型冲积母质沉积物）形成，也称黄潮土。地下水深度为1.5~2.0m，常具有轻度和中度的矿质化，因而有些土壤多少带有盐渍化现象。但是，在山前地下水溢出带则属非盐渍化的潮土。分布在黄河古三角洲地区的草甸土多呈沙质或有沙层，没有盐渍化现象。这类土壤具有不同程度的石灰性反应。土壤中下层有锈纹斑，呈微碱性至碱性（pH=7.8~8.5），腐殖质含量低，吸收性盐类以钙和镁为主，代换性盐基总量高。目前，多数浅色草甸土已开垦为农田，一般肥力较高，因有地下水补给，可以减少干旱的威胁。

7.高寒草甸土

高寒草甸土（alpine meadow soil）分布在青藏高原东部和南部海拔4000~5200m的陡峭的山坡、平缓的分水岭和河谷阶地上。其上草地植被为高寒草甸。土壤形成过程是由融冻水和一定大气降水所引起的，造成地面好气分解和土层嫌气分解的交替发生，其标志既有腐殖质积累，又有还原物质生成。表层为中壤或轻壤，土层较薄，往下粗沙石砾逐渐增多，可达5%~30%，表土有较厚的"草皮"，土壤剖面呈中性或微酸性反应（pH=6.0~7.5）。土壤有机质丰富，N、P、K含量相当高。三氧化二铁再分配较明显。黏土矿物以水化云母为主，并有高岭石、蛭石和游离氧化铁。

8.盐碱土

盐碱土（saline-alkali soil）是盐土和碱土以及各种盐化土、碱化土的统称。我国北方的湿润、半湿润、半干旱和干旱地区，以及南方包括台湾省和东南的滨海地区，都分布有盐碱土。盐土（saline soil）是指在地表和接近地表的土层中含有大量可溶性盐类的土壤。其上的草地植被为盐生草甸植被。盐土草甸的植物种类组成相对简单，以耐盐植物为主，如碱蓬草甸、星星草草甸、芨芨草草甸、獐茅草甸。在沿海和岛屿的沿岸因受海水浸渍广泛分布有滨海盐土，其含盐量为1%~4%，主要是以氯化物为主。内陆盐土的盐分组成多属硫酸盐氯化物或氯化物硫酸盐类型。在黄淮平原和东北松辽平原的盐土含盐量为1%~3%，这2种土壤以中性盐为主，pH是中性的。苏打盐土主要分布在松辽平原、内蒙古自治区、山西省以及新疆维吾尔自治区南部，它与深层地层中含有苏打有关，土壤中可溶性盐分含量一般都小于1%，碱化度很高，一般pH为9.0～10.0。碱土（alkaline soil）在我国仅零星分布。碱土表层含盐量一般很少超过0.5%，但土壤溶液中普遍含有苏打。在吸收性复合体中，交换性钠占代换总量的20%以上，pH常高达9.0～10.5。它常常是苏打盐土脱盐而成，东北地区西部和内蒙古自治区东部碱土分布在高河漫滩上或开阔的低洼闭流区域，地下水位埋藏深度大于4m，甚至7～8m，所以它的形成已脱离了地下水的影响。在半干旱和干旱地区，碱土分布不仅面积较大，而且多与盐土成复区存在。碱土大多是由于地面间歇水的淋溶作用而形成的，地表和淋溶层含盐很少，但都含有苏打，因此也称为苏打草甸碱土。碱土上的草地植被可以是优质的羊草群落，其生产力较高，然而在过度放牧的影响下，羊草群落迅速被一年生的虎尾草群落所取代，当表土层被重度破坏后，就会出现大面积的碱斑。

9. 风沙土

风沙土（aeolian sandy soil）是干旱温带和极端干旱暖温带分布较广的土壤，也是在风沙、风积物母质上发育的沙质土壤，在半干旱温带也有分布。它的成土作用微弱，经常被风积沙压实作用所打断，因而成土过程很不稳定。风沙土的土壤性质很大程度上表现为母质性状。在极端干旱或受人为破坏的地区为荒漠，而在半干旱地区为草原植被或疏林草原植被，生长有不高的榆树和山杏灌丛，也生长着针茅、羊草、冰草、蒿类及一年生植物。由于生长了植物，土壤可以从流动风沙土演变成固定风沙土，在机械组成上物理性沙粒减少，黏粒有所增加，最后发育成黑钙土型的沙土。

10. 红壤和黄壤

我国此类土壤主要分布于热带和亚热带地区，主要类型包括砖红壤、红壤和山地黄壤。其上的原始植被多为热带季雨林、雨林或常绿阔叶林。这些热带森林植被受到人为破坏后，形成次生的热带灌丛。这类土壤的母质多为各种酸性风化壳，如火成岩、沉积岩、花岗岩、变质岩、砂页岩、片麻岩、玄武岩、第四纪黏土及老冲积物。它们在长期的高温、高湿条件下经风化形成，土壤多为酸性，pH为4.5～6.5。土壤全剖面中铁、铝氧化物的含量较高，而N、P、S、Ca、Mg、Na、Mn等元素含量很低。高温条件下，枯落物分解速度快，表层腐殖质极薄，下层为红棕色或橘红色（砖红壤和红壤）或淡黄色或灰黄色（黄壤），底层为灰白色或红、黄、白交错的网纹潜域层。此类地区人口较多，种植业发达，土地垦殖利用率高，剩余的天然草地零星地分散存在。

此外，还有一些土壤类型，其原始植被为草地，由于其水热状况好，比较肥沃，目前多已被开垦成农田，天然草地植被的残留很少。例如，黑土（black soil）主要分布于温带半湿润气候下东北平原的漫岗、缓坡和河流高阶地，其自然植被为杂类草草甸，非常肥沃，是典型的"东北黑土地"土壤。黑垆土（heilu soil）分布于暖温带半湿润气候下的黄土高原东南部，其原生植被为暖温带的草甸草原，是古代黑钙土经过千百年农业影响下形成的熟化土壤。紫色土（purplish soil）分布于湿润的亚热带，其原始植被为常绿落叶阔叶林，被破坏后可形成热性灌丛草地，土壤肥力较高，目前多已被种植各种作物及亚热带水果。

三、草地生态系统的社会经济环境

我国的草地生态系统主要分布于北方温带和暖温带地区，包括松辽平原、内蒙古高原、黄土高原、青藏高原和西北山地，面积占我国草地总面积的90%。在西南地区山地还有一些次生的灌草丛或草山草坡可以利用，约占我国草地总面积的10%。

草地生态系统分布的地区，绝大多数属于中国经济不发达的西部地区。贫穷落后和生产力水平低是该地区的主要社会经济环境特征。造成这种状况，既有自然因素的原因，也有社会因素的原因。气候干旱、水资源不足、土地贫瘠、以高原山地为主等自然因素，对农业经济和工业经济的影响都很大，特别是对传统农牧业经济影响更为明显。恶劣环境带来的总体经济落后，又制约了技术创新的诱发机制。另外，由于历史的因素，早在宋代中国文化中心即东移南迁，西部文化相对落后。尽管草地生态系统分布地区的人口密度并不大，仅占全国的5%（土地面积占全国48%），但是经济落后进一步带来了教育落后，人口质量降低，这也是制约草原地区发展的瓶颈。

中华人民共和国成立初期，近代工业在整个国民经济中只占10%，但在这10%的近代工业经济中，70%都分布在东南沿海地区，西部地区仍十分落后。由于面临的国际环境十分恶劣，国家将工业重点投向西部地区。特别是20世纪60年代的"三线建设"，大量厂矿内迁，一定程度上改变了以前形成的工业布局，使中西部地区的经济差距有所减少。改革开放以来，按照梯度理论，重点开发东南沿海地区，在政策扶持和资金投向等方面向东南地区倾斜，极化效应和回流效应十分明显，中西部地区的差距进一步被拉大。

伴随着国家整体经济的不平衡发展，也给西部草地资源带来了极大的压力，掠夺式经营和开发，造成草地生态系统退化、沙漠化和盐碱化等不同程度的损害，这又使得西部地区的经济可持续发展雪上加霜。

在这种形势下，国家提出了"西部大开发"战略，预示着21世纪初我国将把开发的重点放在西部地区。国家无论是在政策和资金上，还是在人才上，都将给西部地区以新的发展机遇，并注入新的活力。以草地生态系统为主体的畜牧业经济的可持续发展，将成为"西部大开发"的重要环境、社会和经济问题而引起各界的充分重视。

第三节 草地生态系统的生物结构

前文谈及了草地生态系统的环境特点，而生态学研究的基础和核心是从个体、种群和群落水平研究生物之间、生物与环境之间的相互关系及其作用规律，这种相互作用的结果，构成了生态系统的基本营养结构，奠定了生态系统的主要功能基础，同时这也是草地生态及其生态系统管理的出发点。

一、草地生物与环境

生物与环境的关系是草地生态系统中的一种基本关系，同其他生物一样，草地生物的生长离不开环境，它需要不断地从环境中获得物质和能量以维持生命活动。生物的环境是指某一生物体或生物群体以外的空间，以及直接或间接影响该生物体或生物群体生存的一切事物的总和。我们通常把环境中对生物生长、发育、生殖、行为和分布有直接或间接影响的环境要素，称为生态因子（ecological factors），如气候因子有光、温度、湿度、降水、氧气、二氧化碳等；土壤因子有土壤结构和有机、无机成分等理化性质及土壤生物等；地形因子有坡度、坡向、海拔高度、山脉走向等；生物因子有捕食、寄生、共生和竞争等相互关系等；人为因子有人类的利用、改造、管理及有意无意的干扰等。所有生态因子构成了生态环境（ecological environment），而具体的生物个体或群体生活地段上的生态环境称为生境（habitat）。

（一）环境对草地生物的制约

1.利比希最小因子定律

1840年利比希（Liebig）在分析土壤养分与作物产量关系时发现，每一种作物都需要一定种类和一定数量的营养元素，在植物生长所必需的元素中，供给量最少（与需求量比相差最大）的元素决定作物的产量。例如，当土壤中的N可维持250kg产量，K可维持350kg产量，P可维持500kg产量，则实际产量只有250kg；如果多施1倍的N，产量将停留在350kg，因为这时的产量受K限制。后来这一规律被推广到影响植物生产的一般规律，称利比希最小因子定律。

2.谢尔福德耐性定律

1913年谢尔福德（Shelford）在利比希最小定律的基础上指出，生物的存在与繁殖，要依赖于某种综合环境因子的存在，只要其中一项因子的量（或质）不足或过多，超过了某种生物的耐性限度，则使该物种不能生存，甚至灭绝。这一观点引起其他研究者的兴趣，发现植物对某一生态因子的耐受性，常与其他因子有密切关系。例如，一种生物在什么温度下其适合度（fitness）最大取决于湿度，反之亦然，并在多因子条件下也是这样。两个因子作用对生物适合度的影响如图2-2所示。另外，生物的耐性限度，会受发育时期、季节、环境条件和耐性驯化等影响。这一生物与环境关系的规律被称为谢尔福德耐性定律。

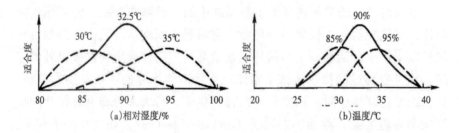

图2-2　两个因子作用对生物适合度的影响

3.限制因子

生物的生存和繁殖依赖各种生态因子的综合作用，其中限制生物生存和繁殖的关键因子就是限制因子（limiting factor）。例如，干旱地区的降雨量。研究中一旦找到了限制因子，就意味着找到了影响生物生存和发展的关键因子。一般一种生物对其耐受范围很广，而且又非常稳定的因子，不太可能成为限制因子。相反，一种生物对其耐受范围很窄，而且又易于变化的因子，很可能是限制因子。

4.生态幅

在自然界中，由于长期自然选择的结果，每个物种都适应于一定的环境，并有其特定的适应范围，这个范围就是该物种的生态幅（ecological amplitude）。物种对某一生态因子适应的生态幅，往往呈"钟形函数"关系，适合度可分为最高点、最适点、最低点3个基点，一般是在曲线中央附近其适合度最高。图2-3所示为广温性生物和狭温性生物的生态幅比较。一种生物对某一生态因子适应范围较宽，而对另一因子的适应范围较窄，这时其生态幅常为后一生态因子所限制。另外，生物繁殖期的生态幅一般比营养期要窄，而且生物物种的生态幅通常由繁殖期的适应范围所决定。

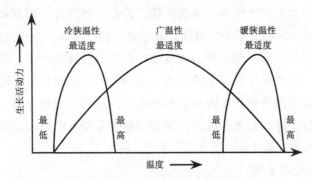

图2-3 广温性生物和狭温性生物的生态幅比较

（二）草地生物对环境的适应

尽管生态因子的作用是综合而复杂的，但是单因子的研究是了解复杂生态问题的一种方法，是评价各种因子在实际生态系统中共同作用的基础。下面主要阐述草地上生物（以植物为主）对水分、土壤、光和温度等主要生态因子的适应特点。

1.对水因子的适应

水是草地生物生存、分布及草地类型分化的限制因子。草地上的植物按对水因子的适应可分为旱生植物、中生植物和湿生植物三大生态类型。旱生植物生长在干旱环境中，能长期耐受干旱环境，且能维持水分平衡和正常的生长发育。旱生植物在形态和生理上有多种多样的适应干旱环境的特征。在形态结构上主要表现在2个方面：一方面是增加水分摄取能力，旱生植物一般根系发达，地下部常是地上部生物量的3~6倍，有时可达10倍；另一方面是减少水分散失，如叶片缩小、角质层增厚、背有毛绒、气孔下陷、气孔数量减少等。在生理上，主要表现为原生质渗透压特别高，有利于从干旱环境中吸收水分。中生植物是指生长在水分条件适中生境中的植物。中生植物具有一套完整的保持水分平衡的结构和功能，其根系和输导组织均比湿生植物发达。湿生植物是指在潮湿环境中生长，不能忍受较长时间的水分不足，即抗旱能力最弱的陆生植物。荒漠草原、典型草原和草甸草原的优势种、亚优势种均为旱生植物，常见的伴生种中绝大多数也是旱生植物，如针茅属、糙隐子草、冷蒿、糙叶黄芪、星毛委陵菜。草甸主要由中生植物组成，如拂子茅属植物、牛鞭草属植物、蒿草属植物，以及一些双子叶植物。草甸中部分湿润生境中有些种类属湿生植物，如长芒稗、针蔺、泽芹等，而草甸草原中部分常见的伴生种则属于中生植物，如桔梗、狭叶沙参、蓬子菜、徐长卿。草原上的动物在形态和生理上也表现出对干旱环境的适应，像昆虫体表的几丁质、两栖类体表分泌的黏液、爬行类体表的角质层、哺乳动物的毛和皮脂腺等都能防止体内水分的散失。而动物与植物不同，在干旱季节常可通过迁徙躲避水分缺乏，像非洲热带草原上的角马，在干旱季节要成群结队的长途迁徙。

2.对土壤因子的适应

土壤是岩石圈表面能够生长植物的疏松表层。植物根系从土壤中吸收矿质元素和水分以满足生长需要，并与土壤有着密切接触，因而土壤是一个重要的生态因子。同时，土壤本身又是生态系统中生物部分与无机环境部分相互作用的产物。人们试图在控制环境以获得更多的收成时，常发现不容易改变气候因素，但能改变土壤因素，这就增加了研究土壤因素的重要性。

根据植物对土壤酸度的适应，可分为酸性土植物、中性土植物、碱性土植物3种生态类型。对草地生态系统而言，多数土壤属中性至弱碱性土壤，只有部分森林遭人为破坏后形成的灌木草地成为弱酸性土壤。根据植物对风沙基质的适应，可分为抗风蚀沙埋、耐沙割、抗日灼、耐干旱、耐贫瘠等一系列生态类型。在沙地草地上的一些沙生植物对风沙环境有不同的适应，如藜科沙蓬属中的沙蓬，以及虫实属中的许多种植物等，主要分布在草原区沙地的流动、半流动草丘上，有抗风蚀沙埋、耐沙割的特点。根据植物对土壤含盐量的适应，可分为盐土植物和碱土植物。在盐碱化草地上，植物对盐碱生境中土壤渗透压高所带来的生理性干旱、盐分对组织的伤害作用以及盐分引起的细胞中毒伤害等，产生了不同的适应类型，可分为聚盐植物、泌盐植物和不透盐植物。聚盐植物指在强盐渍化的土壤中生长，从土壤中吸收大量的可溶性盐类，并把盐类积聚在体内而不受伤害的植物，如盐碱草地中常见的建群种碱蓬和滨藜等。泌盐植物的根细胞对盐类的透过性与聚盐植物一样很大，但是它们吸进体内的盐分并不积累在体内，而是通过茎、叶表面上密布的盐腺将盐分分泌并排出体外。例如，盐生草地上常见的伴生植物补血草属植物，荒漠草原上的建群种红砂，海边盐碱滩上的大米草，以及柽柳等。不透盐植物指根细胞对盐类的透过性非常小，生长在一定盐分浓度的土壤上，几乎不吸收土壤中的盐类，如碱菀、盐地风毛菊、碱地风毛菊、獐茅。

3. 对光因子的适应

光是地球上所有生物得以生存和繁衍的最基本的能量源泉。光本身又是一个复杂的环境因子，光强度、光质量及其周期变化对生物的生长发育和地理分布都产生着深远的影响，而生物本身对这些变化的光因子也有着极其多样的反应。对草地生态系统来说，光并不是一个限制因子。

根据植物对光强度因子的适应，可分为阳性植物、阴性植物和耐阴植物。草地植物多为阳性植物，在足够的光照条件下才能进行正常的生长，一般下限量是全光照的1/10~1/5。根据植物对光周期的适应，又可分为长日照植物、短日照植物、中日照植物和中间型植物。草地中的初夏开花植物，如紫菀、苦菜、羊草为长日照植物（临界暗期必须短于某一时数）；晚夏开花的常为短日照植物（临界暗期必须长于某一时数），如兴安胡枝子、块茎糙苏、针茅；某些植物像蒲公英属中间型植物（开花一般不受光照长短的限制）。

4.对温度因子的适应

太阳辐射使地表受热，发生气温、水温和地温的变化。温度因子和光因子一样存在周期性变化，称为节律性变温。不仅节律性变温对生物有影响，而且极端温度对生物的生长发育也有十分重要的意义。任何一种生物，其生命活动中每一生理生化过程都有酶（enzyme）系统的参与。然而，每一种酶的活性都有它的最低温度、最适温度和最高温度，相应地形成生物生长的"三基点"。一旦超过生物的耐受能力，酶活性就受到制约。

水热条件的综合作用常决定草地生态系统的类型及其分布。例如，高寒草原主要分布于我国的青藏高原和西北山地寒冷而干旱的地区，而高寒草甸常出现在青藏高原的东部较湿润而寒冷的地区。在地带性草原上，水热条件的变化常导致建群种针茅属植物的替代性变化，如从东部半干旱地区到西部干旱地区依次为贝加尔针茅、大针茅、克氏针茅、戈壁针茅；在暖温带气候条件下的黄土高原和鄂尔多斯高原，被喜暖的本氏针茅所取代；而在青藏高原高寒地区，以耐高寒的紫花针茅为主。

（三）生态因子作用的一般特征

生态因子对生物的作用有着普遍的规律，这些规律就是研究生态因子的基本观点，掌握这些规律，将有助于生产实践和科学研究。生态因子的作用主要有如下一些特征。

1.综合性

生态因子是相互影响、相互联系、相互配合的。一个因子的变化必将引起其他因子的相应变化；而生物对某一生态因子的耐受限度，也会因其他因子的改变而改变，这就是生态因子的综合作用。例如，光强度的变化必然引起大气和土壤温度和湿度的改变，湿度的变化将影响生物对温度的耐受限度。

2.非等价性

对生物起作用的诸多因子是非等价的（nonequivalence），其中必有1~2个是起主要作用的主导因子。例如，草地上植物以水分为主导因子，按对水分环境的要求和适应特点有旱生植物、中生植物和湿生植物，又可细分为强旱生植物、旱生植物、中旱生植物、旱中生植物、中生植物、湿中生植物、阴湿生植物和阳湿生植物等。以土壤为主导因子，可分为盐生植物、沙生植物、喜钙植物等。草地上动物以食性为主导因子，可分为食草动物、食肉动物、腐食动物、杂食动物等。

3.阶段性

生物生长发育的不同阶段对生态因子的需求也不同，因此生态因子对生物的作用也具有阶段性。这种阶段性是由生态环境的规律性变化所造成的。例如，具有春化现象的植物，低温对春化阶段起作用，但在生长发育的其他时期，低温却有伤害作用。再如，多年生植物秋季进入休眠以前，短光照促进营养成分积累和越冬芽的分化，而生长期的短光照不利于光合作用和植物生长。

4.不可替代性和补偿性

环境中各种生态因子对生物的作用虽然不尽相同，但都各具有重要性，尤其是作为主导作用的因子。如果缺少主导因子，便会影响生物的正常生长发育，甚至造成其生病或死亡。所以，从总体上说生态因子是不可替代的。但是，局部上生态因子的作用是可以相互补偿的。例如，光合作用中，光照不足，可以通过增加二氧化碳的量来补足，而达到相似的产量；软体动物在锶多的生境中，能利用锶来补偿钙的不足等。

5.直接作用和间接作用

区分生态因子对生物的直接作用和间接作用，对认识生物的生长、发育、繁殖以及分布都很重要。环境中的地形因子其起伏程度、坡向、坡度、海拔高度和山脉走向等对生物的作用不是直接的，但是它们能影响光照、温度、湿度、降水等因子的分布，因而对生物产生间接作用。例如，一些山地的植被分布，在祁连山的阳坡常为荒漠草原，而阴坡却是云杉林；在海南省五指山的迎风坡常为南亚热带森林，而背风坡却是热带草原景观。

（四）草地生物的生态作用

草地的主要生物是各种天然牧草和人工牧草，以及多种放牧的食草牲畜。此外，还有多种其他野生动物、植物和土壤生物。其中，与畜牧业关系最密切的是多种啮齿类野生动物、草原蝗虫、黏虫等害虫，分解牲畜粪便的甲虫和分散生长的树木。

草地上的牧草，特别是豆科牧草能改良土壤。北方半干旱地区连续5年种植苜蓿，其总根量每公顷可达4005kg，含氮量为1239kg。每年每公顷的固氮量，草木樨为127.5kg，苜蓿可以达到330kg。同时，这些豆科植物的种植可为土壤积累大量的有机质。

牧草还能增加植被覆盖度，涵养水分，保持水土，固定流沙。根据测定，北方牧场农闲地与庄稼地的土壤冲刷量，要比林地和草地大40~110倍。在降水较多的地区，牧草地的保土力为作物地的300~800倍，保水力为作物地的1000倍。我国南方亚热带草山牧场，降雨量大且多暴雨，容易发生水土流失，因此耕种和放牧不可过度，必须加强造林种草，实行以牧为主，牧、林、农结合。草场实行围栏分区轮牧，控制适宜的放牧强度和轮牧周期，促进牧草再生，实现持续利用，同时防止水土流失。[①]

二、草地种群生态

种群（population）是指在一定空间中同种个体之间及其与环境之间相互作用的统一整体。种群是生态学各层次中最重要的一个层次，它具有许多不同于个体的特征。首先，种群是自然界中物种存在的基本单位，只有具有一定个体数量的物种，才能完成繁衍和延续其种族的功能，种群是物种的真实存在；其次，种群也是物种进化的基本单位，物种进化过程是通过同种个体的基因组成和频率，从一个世代到另一个世代的变化过程；另外，种群是生物群落的基本组成单位，群落是由多个物种的种群通过种间及其与环境的关系组成的统一整体。

（一）种群的基本特征

1.种群的大小

一个种群个体数目的多少，叫作种群大小或种群数量。通常种群大小用种群密度（population density）表示，即用单位面积或容积内的个体数目来表示种群大小。有时种群也用其他方法表示，如在研究昆虫和植物体上的有害菌株时，常以每片叶子、每个植株、每个宿主为单位。由于自然界中生物具有多样性的特点，因此具体表示生物种群的方法也随生物种类或栖息地条件和研究目的不同而有所不同。

---

①张显龙. 草原牧鸡生物量置换模式对沙草地生态系统结构与过程影响研究[D]. 长春：吉林大学，2015.

種群的密度統計大體可分為絕對密度統計和相對密度統計2類。絕對密度指單位面積或容積內的實際個體數目，而相對密度是指能獲得表示數量高低的相對指標。例如，10只/hm²黃鼠為絕對密度，而每100個鼠夾每天捕獲10只黃鼠為相對密度，即10%。相對密度又可分為直接指標和間接指標。例如，10%捕獲率以黃鼠只數表示，是直接指標；而用鼠洞數/hm²表示則是相對指標，因為這種指標受到洞中有無黃鼠及多少的影響。

種群密度的調查統計方法主要有直接調查法、抽樣調查法和標志重捕法。

1）直接調查法

即調查計數種群中的所有個體。適用於個體數量少，分布局限，界限比較明顯的生物種群，如可用航空攝像計數草原上的藏羚羊密度。在畜牧業生產中，常用牲畜存欄數表示某一行政管轄單位或每戶牧民在一定草場面積中飼養牲畜的密度，這也是通過直接調查法得到的。

2）抽樣調查法

抽樣調查法是研究野生生物種群最常用的方法。例如，在調查草地群落中植物種群密度時，常用樣方法（quadrat），即在單位面積的樣方中計數全部個體，然後以平均數估計種群總體。這裡的樣方必須具有代表性。一般採用隨機取樣技術，並用數理統計估計方差的方法進行分析。抽樣調查法適用於研究種群密度個體數量多，分布面積大，界限明顯，而且變異性較大的種群。

3）標志重捕法（mark-recapture technique）

標志重捕法是對移動的動物常採用的調查方法。先在調查樣地上捕獲一部分個體，進行標志後釋放，定期進行重捕。根據重捕樣本中標志比例與總標志數比例相等的假設，來估計樣地中調查動物的總數：

$$N : M = n : m$$

式中，M 為標志數；n 為重捕個體數；m 為重捕中標志數；N 為樣地中個體數。

2.種群的空間格局

種群是由許多同種個體組成的，組成種群的個體在其生活空間中的位置狀態或布局，稱為種群空間格局（population spatial pattern）。種群的空間格局大致可分為3類（圖2-4）：均勻型（uniform）、隨機型（random）和成群型（clumped）。

均匀型   随机型   成群型

图2-4　3类种群空间格局

均匀型种群指每一个体在种群领域中间距基本相等的一种布局方式。其形成的原因主要是种内个体间的被动竞争。例如，沙漠中的植物竞争水，森林植物竞争阳光或土壤养分。而分泌有毒物质对种内个体定居的阻止作用是一种主动竞争。

随机型种群是指每一个体在种群领域中各个点出现的机会相等，并且某一个体的存在不影响其他个体的分布形式。随机分布比较少见，因为只有在环境资源分布均匀，种群内个体间不发生彼此吸引或排斥的情况下，才能产生随机分布，而在自然界中这样的条件是不多见的。

成群型种群是指每一个体在种群领域中结合成群的一种布局方式。这是最常见的种群空间格局，其形成的原因主要是：第一，环境资源分布的不均匀，如富饶与贫乏相嵌；第二，植物传播种子方式使其以母株为扩散中心；第三，动物的社会行为使其结合成群。而成群分布的每个小群间又可分为成群群、均匀群和随机群。

杨持等对内蒙古自治区典型草原区的羊草群落中8个主要种的研究表明，除1种为随机分布外，其余7种均为成群分布。陆国泉等在青海省海北高原高寒草甸的矮生蒿草群落中5个主要种的研究结果表明，除1种为随机型外，其余4种均为成群型，并且每一成群小斑块之间有随机分布趋向。

研究种群空间格局的方法很多，最常用的是方差/平均数比率法，即S^2/m。其中：

$$m = \left(\sum fx\right)/n$$

$$S^2 = \left\{\sum (fx)^2 - \left[\left(\sum fx\right)^2/n\right]\right\}/(n-1)$$

式中，x 为样方中某种个体数；f 为含 x 个体样方的出现频率；n 为样本总数。

例如，$S^2/m=0$，为均匀分布；$S^2/m=1$，为随机分布；$S^2/m>1$，为成群分布。

3.种群的动态参数

种群的动态参数是表示种群个体数量变化的种群统计指标，主要有出生率（natality）、死亡率（mortality）、迁入（ingoing）、迁出（outgoing）和增长率（increasing rate）。出生率泛指任何生物产生新个体的能力，不论这些个体是通过分裂、出芽、结籽、生产等哪种方式形成的。死亡率是指种群中死亡个体占总体的比率，无论是自然死亡还是由于其他生物的捕获。迁出指种群内个体由于某种原因离开种群领地。迁入指别的种群个体进入该种群领地。种群增长速率是指种群在单位时间内增加的个体数量。种群增长率表示种群整体数量变动情况，由种群的出生率、死亡率和年龄组成，分别说明种群动态的一个方面。如果种群的出生率减少、死亡率增加，就会导致种群数量呈现减少的趋向。内禀增长率能展示生物在理想环境中的最大种群增长率，进而表征其种群增长潜能，体现其种群的扩培能力，它对种群增长具有重要指标作用。

4.种群的年龄结构

种群的年龄结构（age structure）是指不同年龄组的个体在种群内的比例和配置情况。分析种群年龄通常用年龄锥体图表示（图2-5）。种群年龄结构的研究对于分析种群动态和预报、预测种群未来发展趋势具有重要意义。

按锥体图形状可将种群的年龄结构划分为3种基本类型。

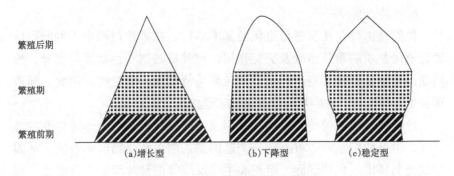

图2-5　种群年龄结构的基本图示

增长型种群：锥体呈典型的金字塔形，基部宽，顶部狭。种群中有大量的年幼个体，老年个体较少，说明种群的出生率大于死亡率，是迅速增长的种群。

下降型种群：锥体基部狭，顶部宽。种群中年幼个体比例小，而老年个体比例大，种群死亡率大于出生率，种群数量正在下降。下降型种群也称衰退型种群。

稳定型种群：种群中老、中、幼个体比例介于增长型和下降型之间，出生率与死亡率大致平衡，种群稳定。

构件植物（无性系植物）的年龄结构有2个层次，即个体的年龄结构和组成个体的构件的年龄结构，但是这里的年龄不一定指一年的概念。例如，一株树的分枝可能有年际间分枝，也有一年内分次枝。草本植物更明显，分枝龄级可能都在一年内。

5.种群的性比结构

种群的性比（sex ratio）结构是指种群中雄性个体与雌性个体数目的比例。种群的性比结构对配偶关系及繁殖潜力有很大影响。在野生动物种群中，因性比变化会发生配偶关系及交配行为的变化，这是种群大小调节的重要方式。对大多数动物来说，雄性与雌性的比例较为固定，但有少数动物，尤其较为低等的动物，在不同生长发育时期，性比往往发生变化。种群的性比不是一成不变的，在变化中分为第一性比、第二性比和第三性比等。

第一性比：指受精卵的δ/φ，大致是50：50。

第二性比：在幼体成长到性成熟的时间里，由于种种原因，性比发生变化，到个体性成熟为止，δ/φ叫第二性比。

第三性比：第二性比之后到充分成熟时的个体性比。

6.种群的遗传特征

种群是物种存在和遗传进化的基本单位。在繁殖过程中，种群可以通过遗传物质的重新组合及突变作用，使种群的遗传性状发生变异，然后通过自然选择使某些个体更能适应环境特点而占据优势。因此，随着环境条件的变化，种群可能发生进化或适应能力的变化。

种群中个体的遗传素质叫作基因型（genotype），是个体遗传性的总产物，但是我们从来也看不到一个基因型，因为从受精时刻开始，基因型就受到环境（包括细胞、组织和生化反应等内部环境，以及温度、湿度和光照等外部环境）的影响。因此，能看到的是这些影响的结果，即所谓的表现型（phenotype）。表现型是个体呈现的外部形态，是环境作用于基因型的产物。种群的基因型和环境这两种效应虽然是相对的，但总是一起发生作用，而且没有两个绝对一样的表现型。对于一个特定性状来说，遗传性和非遗传性影响的大小是相对的，而不是绝对的。一定的基因型支配着一组性状，在某一环境中呈现出一种表现型，而在另一个环境中则呈现出另一种表现型。一个基因型随环境改变的程度称为表现型的可塑性（phenotypic plasticity）。

（二）种群的增长

种群密度随时间而发生变化，并且存在着许多不同的变化类型，在生物种群处于最佳状态时，出生率和死亡率是影响种群密度的内在原因。根据环境对种群作用与否以及种群世代的重叠状况，常见的种群增长模式可划分为3种基本类型：几何级数增长、指数增长和逻辑斯蒂增长。

1.种群的几何级数增长

种群的几何级数增长（geometric growth）是指种群在无限的环境中生长，不受食物、空间等条件的限制，种群的寿命只有1年，且1年只有1个繁殖季节，世代不相重叠，呈一种离散的增长方式。假设有一个理想种群，开始时有10个个体，且每个个体1年繁殖1次，每次产生2个后代，则到第2代时，种群个体将上升为20个，以后每代增加1倍，依次为40、80、160……可用简单公式描述这一过程：$N_{t+1} = \lambda N_t$，或 $N_t = N_0 \lambda^t$。式中，N为种群大小；t为时间；λ为种群的周期增长率（reproductive rate）。

根据以上模型可以计算世代不相重叠种群的增长情况。$\lambda > 1$时，表示种群增长；$\lambda = 1$时，表示种群稳定；$\lambda < 1$时，表示种群下降；$\lambda = 0$时，表示种群无繁殖，且在下一代灭亡。

2.种群的指数增长

在无限的环境条件下，除了种群的离散增长外，有些生物可以连续进行繁殖，没有特定的繁殖期，在这种情况下，种群的增长表现为指数形式，称为种群的指数增长（exponential growth）。其数学模型可以用以下微分方程表示：

其解析式为
$$dN/dt = rN$$
$$N_t = N_o e^{rt}$$

式中，N 为种群数量；t 为时间；r 为瞬时增长率（等于瞬时出生率与瞬时死亡率之差）。当 r 达到最大值时，瞬时增长率可被称为内禀增长率。

以观测的种群数量 N 与时间 t 作图，种群增长曲线呈"J"形，故指数增长又称J型增长。具有指数增长特点的种群，数量变化与 r 值关系密切。$r > 0$ 时，种群数量指数上升；$r = 0$ 时，种群数量不变；$r < 0$ 时，种群数量指数下降。

3.种群的逻辑斯蒂增长

从种群的几何级数增长模型和指数增长模型可知，只要 $\lambda > 1$ 或 $r > 0$，种群就会持续增长，即形成无限增长。而在实际环境下，由于种群数量总会受到食物、空间和其他资源的限制，因此种群增长是有限的，也就是说，环境是有一定容纳量的。当种群个体数量较低时，种内竞争较低，种群呈"J"形快速增长；随着种群数量增加，导致种内个体间的竞争增大，生殖能力投入的质量和数量降低，而死亡率增加，最终导致增长率下降，增长速度缓慢，并趋于动态稳定于环境最大容纳量（environmental maximal capacity）。这种种群增长形式称为逻辑斯蒂增长（logisticgrowth）。

逻辑斯蒂增长的数学模型可以用下式表示：

其解析为
$$dN/dt = rN\left[1 - (N/K)\right]$$
$$N_t = N_0 e^{rt} / \left[1 - N_0\left(1 - e^{rt}\right)/K\right]$$

令 $K/N_0 = e^a$，其中 a 为常数，则：
$$N_t = K/\left(1 + e^{a-rt}\right)$$

式中，N 为种群数量；t 为时间；r 为内禀增长率；K 为环境最大容纳量，即某一环境所能维持的种群数量，对给定种群来说是一个常数。

当环境容纳量 K 非常大时，N/K 非常小，则（$1-N/K$）趋近于1，种群呈指数增长；随着种群数量 N 增大，并趋向于 K，N/K 增大，则（$1-N/K$）减小，种群增长减慢；当种群数量 N 等于 K 时，则（$1-N/K$）等于0，种群不再增加。这里的（$1-N/K$）称为环境阻力（environmental resistance）。

以观测的种群数量 N 与时间 t 作图，种群增长曲线呈"S"形（图2-6），故逻辑斯蒂增长也称S型增长。

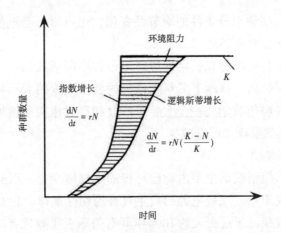

图2-6 种群逻辑斯蒂增长模式

(三) 种群的数量变动

一般情况下，当种群进入新栖息地后，通过一系列的生态适应，建立起种群后，其种群数量可能向着以下不同的方向演化：第一，在相当长的时期内维持在同一水平上，称为种群平衡；第二，有规律（周期性）或无规律地增减；第三，衰落甚至灭绝；第四，在短时期内迅速增长，称为种群大发生或种群大爆发；第五，在种群大发生后，往往出现大批死亡，种群数量急剧下降，称种群崩溃。

1.种群平衡

种群较长时间维持在几乎同一水平上，称为种群平衡（population equilibrium）。草原上的大型动物有蹄类动物、食肉类动物、蝙蝠类动物，多数一年只产一仔，寿命长，种群数量一般是很稳定的。在昆虫中，如一些蜻蜓成虫和其他具有良好种内调节机制的社会性昆虫（像红蚁、黄墩蚁等），其数量也十分稳定。

2.周期性波动

种群的周期性波动（periodical fluctuation）可分为季节性波动和年波动，是种群适应环境的周期性变化和自身的生物学规律所形成的生物生态学特性。

季节性波动主要是种群受到环境因子季节性变化的影响，而使生活在该环境中的生物群产生与之相适应的季节性消长的生活史节律。例如，在荒漠草原中，雨季时许多一年生植物种子开始萌发，种群数量增加。

另外，由于温度和水分条件的季节性变化，也可带来草地生态系统生产量随之发生有规律的变化。

年波动主要是物种在长期适应环境过程中所形成的一种生物学节律（biorhythm）。例如，草地上多年生植物的种子产量的大小年就是一种非常有规律的种群年波动，一个大年以后，种群数量明显增加，而随后的小年导致种群数量增加明显减少。

3.不规则波动

种群的不规则波动主要由物理环境的不规则变化所引起。例如，过去一直认为我国东亚飞蝗危害的发生具有周期性规律。1985年，我国生态学家马世骏探讨了过去大约1000年间有关东亚飞蝗危害与气候之间的关系，结果表明，其种群本身的数量变化没有很强的规律性，而气候异常的干旱是其大发生的原因。这一成果为我国东亚飞蝗的防治提供了重要的理论依据。

4.种群大爆发

具有不规则或周期性波动的生物都可能出现种群大爆发。最明显的大爆发见于虫害和鼠害。例如，草原蝗虫的大爆发对草原的初级生产常造成灾难性影响，草原鼠害也可以对植被生产带来严重的危害。在水域生态系统中，由于水体N、P等有机污染，导致以藻类为主的浮游生物种群大爆发，造成水体出现了富氧化现象或者赤潮现象。

5.种群衰落

当种群长期处于不利的条件下，其数量会出现持久性下降，即种群衰落。在草原长期过度放牧影响下，许多适口性较好又不耐践踏的优势植物种群会出现衰落，并被有毒、有刺、有异味以及耐践踏的植物所取代。但是，这种衰落一般是可逆的，如果禁止放牧，经过一段时间后就可以恢复。如果种群的衰落变得不可逆，就会导致种群濒临灭绝。例如，第二次世界大战后捕鲸业的发展，导致了蓝鲸种群衰落，并使之达到濒临灭绝的程度。

6.生态入侵

由于人类有意识或无意识地把某种生物带入适宜其栖息和繁衍的地区，种群不断扩大，分布区逐步稳定地扩展，这一过程称生态入侵（ecological invasion）。1895年，穴兔被从英国引入澳大利亚的西南部草原，由于环境适宜，又没有天敌，穴兔的种群数量和分布范围迅速扩大。此后，它与牛、羊等出现剧烈的牧草竞争。原产于墨西哥的茄科植物——曼陀罗，明朝末年作为药用植物引入我国，现已在我国东北及内蒙古自治区等地归化为沙地草地中的大型杂草，对人、家畜和鸟类等有强烈毒性。另外，一些转基因生物对自然生态系统物种的多样性也是有潜在威胁的，应该受到重视。

（四）种群调节

种群的数量变动，反映着多种相互矛盾的过程（出生与死亡、迁入与迁出），同时也是相互作用的综合结果。因此，影响出生率、死亡率和迁移率的一切因素，都同时影响种群的数量变动。在长期研究的基础上，生态学家提出了许多假说来解释种群数量的变动机制。

1.环境调节

环境调节指环境因子对种群数量的调节，如降水变化、温度变化和污染物质等。环境调节因素与被调节的种群密度无关。年际降水波动对草原物种的种群数量调节有非常明显的作用。如干旱年份蝗虫卵的存活率提高，导致来年种群数量明显增加。对松嫩平原羊草种群结实率和种子产量连续12~16年的观察结果表明，羊草种群结实率与当年5月份的降水量呈明显的正相关关系，而种子产量与前一年8—10月份降水量呈正相关关系，但却与光照时数和积温呈负相关。对内蒙古高原草原的研究表明，不同植物种群数量随环境的变化具有互补性，从而维持系统生产力的稳定性。

2.种间调节

种间调节指种间因捕食、寄生和竞争等因子对种群数量的制约过程。这些调节因素的作用必须受到被调节种群密度的制约。在食物决定捕食者种群动态的作用方面，典型的例子是利用澳洲瓢虫防治吹绵蚧壳虫取得了显著效果。在寄生物和宿主的相互作用中，以赤眼蜂防治玉米螟取得了成功。食草动物与植物的相互关系表现在以下方面，如放牧系统中草本植物与放牧羊群的相互关系，放牧与停止放牧对草原植被的影响。在不同的放牧干扰下，根茎冰草无性种群的变化明显不同，全年放牧对其有制约作用且保持种群稳定，冬季放牧导致种群保持增长，而夏秋季休牧可使其种群发展为增长型。

3.种内调节

无论环境调节还是种间调节都是外源因子，而种内成员在行为、生理或遗传上的异质性，使种群密度的变化影响种内成员，导致出生率、死亡率等种群参数发生变化，进而对种群数量起到了内部的调节作用。例如，在行为上，动物的社群等级使种群中的一些个体支配另一些个体，而领域性是动物个体（或家庭）通过划分地盘把种群所占有的空间及其中的资源分配给各个成员。这两种行为使种内成员竞争减少、资源及空间分配更有利于物种整体，并可限制动物种群数量。在生理上，当种群数量上升时，种内个体经受社群压力增加，加强了中枢神经系统的刺激，使促生殖激素分泌减少和促肾上腺激素增加，进而影响种群数量的变化。在遗传上，种群中的遗传双态现象和遗传多态现象有调节种群的意义。例如，啮齿类动物中有一组基因型是高进攻性的，繁殖能力较强，而另一组基因型繁殖能力较低，较适应于密集条件，当种群数量较低时，对第一组有利而种群数量增加，但随着种群数量增大，更有利于第二组，种群数量又开始下降。

（五）种内关系

种内关系（intraspecific relationship）是指生物种群内部个体与个体之间的关系。种内关系包括密度效应、性别系统、婚配制度、领域行为、社会等级、他感作用等。

1.密度效应

密度效应（density effect）是指在一定时间内，当种群个体数目增加时，出现的邻接个体之间相互影响的现象。根据影响种群密度效应因素的种类，可划分为密度制约（density dependent）和非密度制约（density independent），前者通过种间的捕食、寄生、食物、竞争等因素实现种间调节，而后者把气候等环境因素作为密度效应的作用因素。目前发现植物的密度效应有2个基本规律，即最后产量恒定法则和-3/2自疏法则。

最后产量恒定法则是指在一定范围内，当条件相同时，最后产量差不多总是恒定的，即在高密度时，植株之间的光、水、营养物的竞争十分激烈，在有限的资源中，植株生长率低，个体变小。可用下式表达：

$$Y = Wd$$

式中，Y为单位面积产量；W为植物个体平均质量；d为密度。

自疏法则是指随着播种密度的增加，种内对资源的竞争不仅影响植株的生长率，而且影响植株的存活率。在高密度条件下，有些植株死亡，这被称为自疏现象。哈珀（Harper）对黑麦草研究发现种群的自疏过程的斜率为-3/2，始称-3/2自疏法则。可用下式表达：

$$W = Cd^{-3/2}$$

或

$$\lg W = \lg C - (3/2)\lg d$$

式中，W为植物个体平均质量；d为密度；C为对某一植物的常数。

2.性别系统

性别系统主要是指植物的有性繁殖系统。植物与动物不同，大多数植物的个体是雌雄两性花，一朵花上有雄蕊和雌蕊之分。还有一些植物属雌雄异花，即在同一植株上有雄花和雌花之分，如玉米、香蒲科植物、马蹄莲属植物等。少数植物（约占5%）属于雌雄异株，雌花和雄花开在不同的植株上，如杨柳科植物、麻黄科植物等。另外，有些植物性别系统更加复杂，在同植株上既有两性花又有单性花，被称作杂性花，如葡萄。植物的雌雄异株有利于形成异型杂交，同时能减少两性竞争和动物采食种子的压力。

3.婚配制度

动物的婚配制度是非常重要的种内关系，是指种群内婚配的各种类型，主要有一雄一雌制、一雄多雌制、一雌多雄制等3种类型。决定婚配制度的生态因素可能主要是资源分布和质量，高质且分布均匀的资源有利于产生一雄一雌制；高质且斑块状分布的资源有利于一雄多雌制；而一雌多雄制的婚配制度是很少见的。

4.领域行为

领域（territory）指由个体、家庭或其他社群单位所占据的，并积极保卫不让同种其他成员侵入的空间。保卫领域的方式很多，有以鸣叫、气味标志、特异姿势等向入侵者宣告领域所有权的，还有以威胁或直接进攻驱赶入侵者的，这些保卫方式通称为领域行为。具有领域行为的种类在脊椎动物中最多见，尤其是鸟类、兽类。一般地，领域面积随领域占有者体重增加而扩大，动物越大，所需资源越多；领域面积也受资源品质影响，食肉性种类较食草性种类领域面积要大；领域行为与面积往往随生活史，尤其是繁殖节律而变化，如鸟类通常在营巢期领域行为强烈，面积也大。

5.社会等级

社会等级（social hierarchy）是指动物种群中各个成员的地位具有一定顺序的等级现象。社会等级制在动物界中相当普遍，如鸟类、兽类、鱼类等。等级的形成源于对资源的竞争，其基础是支配行为，或称支配-从属关系。社会等级优越性包括优势个体对食物、栖所、配偶选择中均有优先权。社会等级制较稳定的种群，其生长快、繁殖能力强；而不稳定的种群，由于个体间经常相互格斗等，要消耗许多能量，影响种群的发展。优势个体交配优先权保证了强者优先产生后代的机会，有利于种族的保存和延续。这是社会等级在进化选择中保留下来的合理性的解释。

6.他感作用

1937年，德国人莫利许（Molisch）总结植物之间的相互作用，首先提出他感作用概念，即某种植物（包括微生物）生成的化学物质对其他植物产生某种作用的现象。1984年，赖斯（Rice）在 *Allelopathy* 第二版中将其定义为植物或微生物的代谢分泌物对环境中其他植物或微生物的有利或不利的作用。他感作用的英文为"Allelopathy"，源于希腊文"Allelon（相互）"和"Pathos（损害、妨碍）"，在我国又译作化感作用、生化互作作用、异株克生、异种克生、植化克生、生化相生相克、生化干扰作用等，对于同种植物的异株克生现象特称为自毒作用。20世纪80年代，在美国举行了3次专业国际学术会议，标志着植物他感作用研究日趋深入和完善。

（六）种间关系

生活在同一生境中的所有物种之间的关系称为种间关系（interspecific relationship）。种间关系的研究最早源于物种种群间的竞争，随着研究的深入，种间关系还包括有多种作用类型（表2-1）。

表2-1　生物种间相互关系的基本类型

类型	关系特征	种群1	种群2
竞争	两物种直接或间接相互抑制,最终一物种获胜	-[①]	-

类型	关系特征	种群1	种群2
寄生	对被寄生者不利,一般寄生者个体小	+[②]	-
捕食作用	对被捕食者不利,一般捕食者个体大	+	-
原始合作	对两物种都有利,但非必然	+	+
互利共生	对两物种种群者必然有利	+	+
偏利共生	对种群1有利,对种群2没影响	+	0
偏害共生	对种群1不利,对种群2没影响	-	0
中性作用	两物种彼此无影响	0[③]	0

注:①不利;②有利;③无相互作用。

1.竞争

竞争（competition）是共同利用有限资源的个体间的相互作用,既可在物种之间发生（种间竞争）,也可在同种的个体间发生（种内竞争）。竞争可分为2种作用方式,即利用性竞争和干扰性竞争。利用性竞争的个体不直接相互作用,而是耗尽资源使资源供应不足,可利用资源不足以导致物种适合度下降。干扰性竞争是个体间直接相互作用,最明显的例子是动物为了竞争领域或食物进行的格斗,也可能通过产生毒素（如植物的克生作用）进行竞争。两个物种在稳定、均匀的环境中竞争,或者一个物种获胜而另一个物种被排除,或者两个物种达成共存。共存只能在物种生态位（niche）分化的稳定、均匀环境中发生,因为两个物种具有同样的需求,一个物种就会处于主导地位而排除另一个物种。在没有竞争和捕食的条件下,物种常能占据其全部生态位,又称基础生态位（fundamental niche）,而在竞争存在时,物种占据的生态位收缩,称为实际生态位（realized niche）。我们在自然界中所看到的物种生态位一般都是它的实际生态位。竞争与捕食共同构成了生态系统食物网的基本框架。竞争作用不仅是群落结构组建的重要因素,也是决定物种进化模式的重要因素。

2.寄生

寄生（parasite）是指一个物种（寄生者）寄居于另一个物种（寄主）的体内或体表,从而摄取寄主养分以维持生活的现象。寄生可分为体外寄生与体内寄生2类。在寄生性的种子植物中还可分为寄生和半寄生2类。多数寄生植物通常只限于寄生在一定植物科、属中,具有一定的专一性。例如，豆科、菊科牧草以及柳树上的菟丝子属植物和列当科植物肉苁蓉是全寄生植物，它们没有叶绿素，只能从寄主体内摄取全部营养。

3.捕食作用

捕食作用（predation）是生态系统中最普遍的种间关系，从生产者到各类消费者通过食与被食过程进行能量流动和物质循环。不同生物种群之间存在的这种捕食者（predator）与猎物（prey）的关系，往往在调节猎物种群数量和质量以及猎物与其他物种间关系上起着重要的调节作用，被捕食的多是一些体弱患病或遗传特性较差的个体。因此，生态系统中的某些大型食肉动物是维持物种多样性的关键种（key species），如热带草原中的非洲狮、猎豹等。美国的亚利桑那州为了发展凯巴布（Kaibab）高原的鹿群，捕猎捕食者美洲狮和狼，其结果是鹿群大量繁殖，而草场不断退化。

食草作用是食草动物与牧草的食与被食的关系，是广义捕食的一种类型。其一般特点是，牧草只有部分被取食，牧草本身没有逃脱被食的能力。食草动物对牧草的直接危害是减小其光合器官的面积，但是牧草可以通过生长来补偿受损的光合器官，而且这一补偿过程有时还可促进草地生态系统的初级生产。汪诗平等研究了内蒙古自治区典型草原区糙隐子草的补偿生长机制，认为在适牧条件下，可刺激糙隐子草的分蘖率，从而补偿由于啃食造成的光合器官（叶片）的减少，并促进净光合速率的提高。糙隐子草与食草动物之间的这种关系，是在长期的协同进化中形成的补偿机制。

4.互利共生

互利共生是两个物种相互有利的共居关系，彼此间有直接的营养物质交流，相互依赖、相互补充、双方获利。地衣是藻类和真菌的共生体，藻类进行光合作用，而真菌承担吸收水分和无机盐的功能。豆科植物与根瘤菌之间也是典型的互利共生关系，豆科植物提供光合产物，而根瘤菌具有固氮作用，为豆科植物提供氮素。大量研究表明，植物与菌根的互利共生，在高等植物中极为普遍。已知的有花植物中，仅有3%不形成菌根，而且97%有菌根的植物中，绝大多数是菌根制约性的。也就是说，绝大多数植物为了生存和繁衍，必须在其整个生活史或者某个时期形成菌根，这样才能保证其存活。为此，我们在受损生态系统（包括草地生态系统）的恢复与重建过程中，必须高度重视菌根的生态作用。动物与微生物之间的互利共生现象也是很多的，如反刍动物与其胃内的微生物间形成一种互利共生关系，微生物帮助反刍动物消化食物，自身又得到生存。白蚁肠道中生活着一种强厌氧性鞭毛虫，它可以促进白蚁对纤维素的消化。另外，昆虫与植物传粉之间的关系也属于互利共生关系。

5.偏利共生

共生中仅对一方有利称为偏利共生。例如，附生植物与被附生植物是一种典型的偏利共生。地衣、苔藓、蕨类以及很多高等附生植物（如兰花），它们附生在树皮上，借助于被附生植物支撑自己，以获取更多的光照和空间资源。这种现象在热带雨林中更为普遍。藤壶附生在鲸鱼或螃蟹背上，以及将头顶上的吸盘固着在鲨鱼腹部等，都被认为是对一方有利，而对另一方无害的偏利共生类型。

6.原始合作

原始合作是指两个种群相互作用、双方获利，但是种群之间的协作是松散的，分离后，双方仍能独立生存。例如，草原上的某些鸟类能啄食有蹄类身上的体外寄生虫，而当食肉动物来临之际，又能为其报警。鸵鸟与马的协作也很默契，前者视觉敏锐，后者嗅觉出众，对共同防御天敌十分有利。

三、草地群落生态

群落（community）是在特定空间或特定生境下，由一定生物种类组成及其与环境之间彼此影响、相互作用，具有一定的外貌和结构，包括形态和营养结构，并具有特定功能的生物集合体。群落是生态系统中比生物个体和种群更高一级的组织层次。作为一个由多种生物种群聚集而成的生物群落，它是一个结构单元，除其个体和种群成分通过代谢转化而成为功能单位外，它还有自身的独立结构、动态变化、内部关系及其分类分布规律，并影响生态系统中能量转化、物质循环的方向、速度和效率的高低，最终影响生态系统的生产力和稳定性。

（一）草地群落的基本特征

1.具有一定的外貌

草地群落中的植物个体（种群），各有各自的高度、密度、茎叶结构和生长发育节律，从而决定群落的外部形态，体现不同的外貌特征。在植物群落中，通常可由生长类型决定其高级分类单位，如森林、灌丛和草原。

2.具有一定的种类组成

草地群落都由一定的植物种类组成，并养育着不同动物和微生物种类。种类成分的多少及每个种群的数量是研究群落的首要特征。有的草地群落种类比较单纯，甚至形成单种群落，如松嫩平原的羊草草甸群落，调查20个样方，平均植物种类不超过10种；而大兴安岭山地草地的群落种类相对丰富，在线叶菊草地群落中，调查20个样方，植物种类可达45种。

3.具有一定的群落结构

草地群落虽然不像森林结构那样复杂，但也都有各自的结构特点，包括形态结构（生活型组成）、生态结构（成层性、季相变化、物种分布格局）和营养结构（捕食关系、共生关系等）。群落的结构不像有机体那样清晰，而是一种相对松散的结构形式。

4.形成一定的群落环境

草地群落对其居住环境产生影响，并形成群落环境。例如，草地与裸地不同，草地中各种生态因子如土壤水分、养分及其理化性质等方面，经过了植物在一定程度上的改造，而且常常形成草地的小环境特点。即使荒漠草原或荒漠，植物群落对土壤环境也有明显的改造作用。

5.具有一定的群落动态

草地群落是生态系统中有生命的部分。生命的特点是不停地进行新陈代谢运动，群落也是如此。植物群落的运动形式包括季节动态、年波动、中等时间尺度的演替和大时间尺度的演化。

6.具有一定的分布范围

不同群落都是按照一定的规律分布。任一群落都分布在特定的生境上，不同群落的生境和分布范围不同。

7.具有一定的边界特征

在自然条件下，有些群落具有明显的边界，可以清楚地区分；有些则不具有明显边界，而呈连续变化中。前者见于环境梯度变化较陡或突然中断的情况，如较陡山地的垂直带和陆生与水生环境交界处，后者存在于环境梯度变化连续缓慢的情况。

8.组成物种之间相互作用

群落中的物种是有规律地配置的，而不是一些物种的任意组合。这种有规律的配置是在长期相互竞争、相互适应、协同进化中形成的。生物群落不是一个简单的物种集合体，而是一个有机整体。某一关键物种的消失常可带来整个群落的崩溃。

(二) 草地群落种类组成的性质

在草地植物群落研究中，进行逐个种登记后，得到一份所研究群落的植物种类名录，可以根据各个种在群落中的作用划分群落成员型。下面是常用的群落成员型分类方法。

1. 优势种

优势种（dominant species）指对群落的结构和群落环境的形成有明显控制作用的植物种。它们个体数量多、盖度值大、生物量高、生活能力强，即优势度较大。群落不同层次可以有各自的优势种，如森林群落的乔木层、灌木层、草本层和地被层各有优势种。优势种对群落性质和环境具有控制性影响，如果去除了优势种，群落将发生根本性的变化，并影响其他物种生存。因此，在生物多样性保护中，优势种与珍稀濒危种一样重要。

2. 建群种

群落中优势层的优势种被称为建群种（edificator 或 constructive species）。例如，森林群落乔木层的优势种和草原群落上层的优势种等。如果群落建群种只有一个，可称为单优种群落；建群种有2个以上，则称为共优势种群落或共建种群落。热带雨林种类组成丰富，结构复杂，一般为共建种群落。

3. 亚优势种

亚优势种（subdominant species）指个体数量与作用都仅次于优势种，但是在决定群落性质和控制群落环境方面仍起着一定作用的植物种。在内蒙古自治区的典型针茅草原上，小冷蒿就常常成为亚优势种。在松嫩平原上的羊草草甸群落中，羊草为优势种，而有时菊科植物全叶马兰的个体数量仅次于羊草，成为群落的亚优势种。

4. 伴生种

伴生种（companion species）是群落中的常见种类，它们与优势种相伴存在，但不起主要作用。像羊草+杂类草草甸中的绥草、徐长卿、黄金菊、绵枣儿、细叶百合等，它们在群落中的数量较少，是常见的伴生种。

5.偶见种

偶见种（rare species）是指那些在群落中出现频率很低的种类，多是由于种群本身数量稀少的缘故，也被称为稀见种。草甸草原中的龙胆就很少见到，属于濒危植物。偶见种可能是偶然的入侵种，如通过人为带入，也可能是群落中的衰退残遗种。有的偶见种对生态环境的变化具有一定的指示意义，可以作为地方性的特征种，像退化草地上的马蔺和百里香等植物。

（三）草地群落的结构

生物的每一组织水平都有其特定的结构，并与功能相联系，草地群落也是如此。群落结构可分为垂直结构、水平结构、时间结构和层片结构等。草地群落有的结构比较复杂，如某些杂类草草甸群落；有的结构比较简单，如荒漠草原的一些群落。

1.垂直结构

草地群落的垂直结构主要指群落的分层现象，也称为群落的成层性。例如，松嫩平原上比较复杂的羊草+杂类草草甸，其地上部分可分为3个亚层。第一层高50～60cm，主要由羊草和野古草、牛鞭草、拂子茅等中生根茎禾草，或者由箭头唐松草、山黧豆等杂类草组成；第二层高25～35cm，主要由水苏、通泉草、旋覆花等中生杂类草组成；第三层高5～15cm，主要由蔓委陵菜、寸草苔和糙隐子草组成。

群落的垂直结构不仅表现在地上部分，地下的根系也有明显的成层性。不同种类的根系可分布在不同的土层深度。但是，最大根量分布在土壤的表层，这与土壤养分的分布是一致的。在干旱的荒漠草原或沙地草地群落中，某些植物的根系可达数米深。例如，分布于甘肃省、新疆维吾尔自治区荒漠草原或荒漠地区的光果甘草，其根系可深入地下1.5～2m，甚至达7～8m。不仅生物群落中的植物具有垂直结构变化，而且动物的分层现象也是很普遍的。

群落的垂直结构具有如下生态意义：第一，有利于提高有限资源的时空利用范围和利用效率，有助于提高群落的生产力水平；第二，减少物种为争夺食物、养分和空间资源的竞争，使群落拥有更高的物种多样性；第三，成层性提高了生物群落的稳定性和对环境的改造作用，增强了抵御外界干扰的能力；第四，成层性的复杂程度是生态环境的一种良好指示，一般层次越复杂，成层结构越复杂，极端环境中的生物群落是非常简单的。

2.水平结构

群落的水平结构是指群落的水平配置状况或水平格局，其主要表现特征是镶嵌性。水平格局指构成群落的成员在水平方向上的分布格局。镶嵌性是指群落在水平（或二维）空间上表现的斑块相间的现象。每一个斑块是一个小群落，它们彼此组合形成群落的镶嵌性水平结构。自然界中群落的镶嵌性是绝对的，而均匀性是相对的。

群落镶嵌性的主要原因是环境条件的不均匀。例如，小地形或微地形的起伏变化，以及土壤湿度、盐碱含量、人为影响、动物影响（挖穴），也包括其他植物的聚集性影响（草原上的灌木）等。在内蒙古草原上，锦鸡儿灌丛化草原是镶嵌群落的典型例子。在这些群落中往往形成1～5m呈圆形或半圆形的锦鸡儿丘阜，在灌丛内及周围伴生有各种禾草或双子叶杂类草，组成小群落。这些锦鸡儿小群落可能聚集细土、枯枝落叶和雪，因而其内部具有较好的水分和养分条件，形成一种局部优越的小环境。小群落内的植物较周围环境返青早、生长发育好，有时还可以生长一些越带分布的植物。

3.时间结构

群落的外貌常随时间的推移而发生周期性的变化，这是群落结构的另一重要特征，即时间结构（temporal structure）。通常把随气候季节性交替而使群落呈现出的不同外貌称为季相。

在温带草原群落中，由于温带气候四季分明，其季相变化也十分明显，一年可有4或5个季相。早春，气温回升，植物开始发芽、生长，草原出现春季返青季相。盛夏秋初，水热充沛，植物生长繁茂，百花盛开，色彩丰富，出现华丽的夏季季相。秋末，植物开始干枯休眠，呈红黄相间的秋季季相。冬季季相则是一片枯黄或被白雪覆盖。草原上动物的季节变化也十分明显。例如，大多数典型草原上的鸟类在冬季来临前都向南方迁徙；热带草原上的角马在干旱季节要跋涉千里迁往水草丰美的地方；一些草原啮齿类动物冬季要进入冬眠。

不同的草地群落其外貌和季相是不同的。如大针茅草原群落、羊草草原群落、杂类草草甸群落、矮嵩草高寒草甸群落，它们的外貌特点和季相变化截然不同。大针茅草原群落适应半干旱环境，叶片卷折成细线形；抽穗开花季节，像麦浪般随风起伏；在漫长的冬季，枯死的植物残留亭立，露出雪面之上，成为冬季牲畜的主要饲用植物。羊草草原群落季相单调，呈葱绿色。杂类草草甸群落秋季百花盛开，五光十色，十分华丽，被誉为"五花草塘"。矮生嵩草高寒草甸群落高度为 3~5cm，夏季外貌呈黄绿色，并杂以杂类草各色花朵，犹如华丽而平展的绿色地毯，很容易与其他群落类型相区别。

4.层片结构

层片（synusia）结构指群落中同一生活型不同植物种的组合，是植物群落的三维生态结构，既具有垂直性和水平性空间变化，也有季节性的时间变化。在我国，以群落生态为分类基本原则的植物群落分类系统中，其基本分类单位——群丛（association），就是以层片结构相同，且各层片优势种或共优种相同为分类标准的。

层片具有下述特征：第一，同一层片植物是同一个生活型类别，但同一生活型植物种只有当数量相当多，且相互存在一定的联系时才能组成层片；第二，每一个层片在群落中都具有一定的小环境，不同层片小环境相互作用的结果构成群落环境；第三，每一个层片在群落中都占据着一定的空间和时间，而且层片的时空变化形成了植物群落不同的结构特征。

群落层片与层的概念不同，一般的层片要比层的范围窄。例如，在贝加尔针茅+羊草草甸草原群落中，贝加尔针茅、羊草、野古草、狭叶柴胡和防风，在群落垂直结构中属于同一层次，但是它们分别属于不同层片，其中贝加尔针茅为丛生禾草层片，羊草和野古草属于根茎禾草层片，而防风和狭叶柴胡属于轴根型杂类草层片。

（四）草地群落的动态

近年来，随着人类活动，特别是不合理地放牧对各类草地群落影响不断增大，草地群落的变化也越来越直接影响人类的生产和生活，如草地的退化、沙漠化、盐碱化以及水土流失和沙尘暴等，无不与草地群落的变化有关，而对这些环境恶化的治理，要采取一定的措施恢复或重建被破坏的植被，这2个过程都是群落的动态问题。因此，研究群落的动态规律，阐明草地群落变化的机制，维护、保护和恢复草地群落的结构和功能是非常重要的。草地群落中生物组合的每一个层次都形成了自己新的结构和功能特征，同时，随着结构和功能的复杂化也附加了新的性质，包括动态变化过程。草地群落的动态主要指群落波动和群落演替。

1.群落波动

群落波动是短期的可逆变化，逐年的变化方向常常不同，一般不发生新种的定向代替，并且可逆性是不完全的。群落波动可分为季节性波动和年波动，季节性波动主要指由于季节环境变化，群落中物种间所起作用的变化；年波动指由于年际间环境影响的改变所引起的变化。有些波动的变化很大，如果不知道它会恢复到原来的面貌，往往误认为是群落演替。例如，森林草原带的低湿地上的无芒雀麦+冰草草甸，在湿润年份常由伴生成分看麦娘占优势，成为看麦娘草甸，但是湿润年份过后又恢复到无芒雀麦与冰草占优势，这种变化可在1～3年实现，是一种摆动性波动。有些波动仅在各组分的数量比例上或生物量上发生一些变化，外貌上变化不明显。

群落波动的原因有以下3种情况：第一，环境条件的波动变化，如多雨年与少雨年、突发性灾变、地面水文状况年度变化等；第二，生物本身活动周期，如种子产量的大小年，动物种群的周期性变化及病虫害暴发等；第三，人为活动影响，如放牧强度的改变。

在群落的波动中，其生产力、各组分数量比、群落外貌与结构都会发生明显变化。一般地，群落的定性特征如种类组成、种间关系、分层现象等较定量特征（如密度、盖度、生物量）稳定；环境条件优越的群落较环境条件严酷的稳定，如草甸草原地上生物量年变率为20%，典型草原为40%，而荒漠草原可达50%；成熟的群落较发育中的群落稳定，如处于顶极阶段的针阔叶混交林较次生的山杨白桦林稳定。

2.群落演替

群落演替（community succession）是一个群落被另一个群落取代的过程，一般是朝着一个方向连续变化的过程，即其变化一般是不可逆的。例如，内蒙古自治区贝加尔针茅草原开垦农田弃耕后的演替过程：开垦农田种植小麦，弃耕后的1～2年内以猪毛蒿、狗尾草、猪毛菜、苦荬菜等一年生杂类草占优势；2～3年，猪毛蒿占绝对优势；3～4年，羊草、野古草、狼尾草等根茎禾草入侵，并逐渐占优势，进入根茎禾草阶段；7～8年，土壤变坚实，丛生禾草开始定居，并逐渐代替了根茎禾草，恢复到贝加尔针茅草原群落。这一过程需要经历10～15年，根据耕作时间长短、土壤侵蚀程度，以及周围原来物种的远近而有所不同。

按演替的方向可分为进展演替和逆行演替，一般自然界向着适合于当地气候条件的群落发展的演替为进展演替，如草地群落受到水灾损害后的恢复过程，而放牧干扰压力下引起的草地群落退化演替属逆向演替，一旦停止放牧压力草地群落的恢复演替也属于进展演替。进展演替导致：群落的结构和种类成分复杂化；最大利用地面；群落生产力逐步增加；群落充分利用环境资源；群落中生化；群落环境的强烈改造。逆行演替导致：群落结构和种类简单化；地面的不充分利用；群落生产力降低；群落不充分利用环境资源；群落的旱生化或湿生化；群落环境的轻微改造。

草地群落演替的原因或机制基本上取决于环境条件的变化、植物传播体和繁殖体的散布或生命的繁衍、植物之间的相互作用，以及新的植物分类单位的产生或小演化。环境条件的变化，除灾害引起裸地的形成外，通常是缓慢地和逐渐地影响草地群落，从而引起它们的演替。草地群落本身对相对应生境的作用所引起的环境变化，也是以缓慢的速度发生而引起的演替。生命的繁衍在群落演替过程中起着非常大的作用，它决定着彼此更替的群落种类组成，在群落演替的早期阶段作用特别大。植物之间的相互作用，不论是间接的（即通过改变环境的），或是直接的，在演替进程中都起着巨大作用。虽然演替是一种普遍现象，但是它的原因并不都是一样。演替的起因在不同程度上属于群落外部环境或内部环境，许多演替既涉及外因，也涉及内因，甚至交互影响。

3.演替顶极

演替顶极（climax）是指演替最终的成熟群落，或称为顶极群落（climax community）。顶极群落中的植物种类相互适应，能在群落内繁殖，并排除新的种类，特别是可能成为优势种的种类在群落中定居。无论是在种类组成上还是在结构上，顶极群落已经趋于相对稳定。

由于有关演替原因的特定知识是有限度的，而且有时是不容易得到的。因此，关于演替顶极研究者们提出了不同的观点，并进行不断地修正、补充和发展，形成了3个有关演替顶极的理论：单元顶极论（monoclimax theory）、多元顶极论（polyclimax theory）和顶极格局论（climax pattern theory）。

单元顶极论在20世纪初就已基本形成，代表人物是生态学家克莱门茨（Clements）。该理论认为，到达稳定阶段的群落，就是和当地气候条件保持协调和平衡的群落，这是演替的终点，这个终点就称为演替顶极。在同一气候区内，无论演替初期的条件多么不同，但群落总是趋向于减轻极端而朝顶极方向发展，从而使得生境适合于更多的生物生长，群落环境将趋于中生化，且均会发展成为一个相对稳定的气候顶极（climatic climax）。在一个气候区域内，除了气候顶极外，还会出现一些由于地形、土壤或人为等因素所决定的相对稳定群落，为了与气候顶极相区别，克莱门茨将其称为前顶极，并划分为亚顶极、偏途顶极、预顶极和超顶极等类型。在自然状态下，演替总是向前发展的，即进展演替，不可能是后退的逆行演替。

多元顶极论由生态学家坦斯利（Tansley）1954年提出。该理论认为，如果一个群落在某种生境中基本稳定，其中的生物种类能自行繁殖并结束它的演替过程，就可看作顶极群落；在一个气候区域内，群落演替的最终结果，不一定都汇集于一个共同的气候顶极终点；除了气候顶极外，还可以有土壤顶极、地形顶极、动物顶极；同时还可存在一些复合的顶极，如地形顶极、土壤顶极、动物顶极等。一个植物群落只要在某一种或几种环境因子的作用下，在较长时间内保持稳定状态，都可认为是顶极群落，它和环境之间达到了较好的协调。例如，我国温带半干旱地区，气候顶极——草甸草原和典型草原区域内的沙地榆树疏林，就是一种沙地土壤顶极。按多元顶极论，它与草甸草原、典型草原是并列关系；按单元顶极论，它是预顶极，与草甸草原和典型草原属于从属关系，是在特殊沙地环境作用下形成的前顶极群落。

顶极格局论由惠特克（Whittaker）提出，实际是多元顶极论变型。该理论认为，在任何区域内，环境因子都是连续变化的；随着环境梯度的变化，各种类型的顶极群落，如气候顶极、土壤顶极、地形顶极等，不是截然呈离散状态，而是连续变化的，因而形成连续的顶极类型，构成一个顶极群落连续变化的格局；这个格局中，分布最广泛且通常位于格局中心的顶极群落称为优势顶极，它是最能反映地区气候特征的顶极群落，相当于单元顶极论的气候顶极。

上述3个演替顶极理论的异同点是：第一，单元顶极论认为，只有气候是演替顶极的决定因素，其他因素都是第二位的，但可能会长期阻止向气候顶极的发展；多元顶极论认为，不仅是气候，而且像土壤、地形、干扰等都可成为演替顶极的决定因素。第二，单元顶极论认为，在一个气候区域内，所有群落都有趋同性的发展，最后形成气候顶极；多元顶极论则认为，不是所有群落都趋同于一个顶极。第三，顶极格局论除与多元顶极论有上述相似观点外，其突出的特点是认为群落之间在空间上不是截然呈离散状态，而是连续不断地变化，顶极群落组成连续变化的格局。

第四节　草地生态系统的功能地位

生态系统是人类生存和发展的基础，为人类提供了必不可少的物质资源和生存条件，它不仅为人类不断地提供各种食物、生活材料和能源，而且为人类维护着温和的生存环境，并调节水源和空气。草地是仅次于森林的陆地生态系统类型，是陆地最重要的绿色植被和生物资源库之一。草地生态系统的功能地位不仅体现在为人类提供维持高质量生活的畜产品，而且体现在维护人类生存环境的区域平衡和改善环境质量上。草地生态系统是地球生物圈的重要功能单位，同时也是区域社会经济发展的重要生产单位。

一、自然界生物圈的功能单位

生物圈是指围绕地球外壳的生命层，包括陆地、水域和空气三者中的动物、植物和微生物，是一个巨大的生态系统，它们通过空气、水和动物活动发生联系。据记载，生物圈中的生物约有240万种，其中动物约有200万种，植物约有34万种，微生物约有3.4万种。生物圈是由地球上所有生态系统镶嵌结合而成的，而物质和能量的转化是由各类生态系统来完成的。世界草地总面积约$5.0×10^7 km^2$，约占陆地总面积的33.5%。仅地带性的温带和热带草原年净初级生产力就达$6.7×10^9 t$碳，约占陆地总净初级生产力的14.0%；年净固定太阳能达$33.6×10^{19} J$，约占陆地总净固定太阳能的16.2%；特别是年净次级生产力为$1.35×10^8 t$碳，约占陆地总净次级生产力的37.5%（表2-2）。可见，草地生态系统是地球生物圈非常重要的功能单位之一。

表2-2 地带性温带和热带草地生态系统功能参数分析

草地生态系统类型	面积（×10⁶）/km²	占草地面积/%	占陆地面积/%	净初级生产力（×10⁹)/t碳·a⁻¹	占陆地总净初级生产力/%	净次级生产力（×10⁷)/t碳·a⁻¹	占陆地总净次级生产力/%	净固定太阳能（×10¹⁹)/J·a⁻¹	占陆地总净固定太阳能/%
温带草原	9.0	17.9	6.1	2.0	4.2	3.0	8.3	9.5	4.6
热带草原	15.0	29.9	10.2	4.7	9.9	10.5	29.2	24.0	11.6
合计	24.0	47.8	16.3	6.7	14.1	13.5	37.5	33.5	16.2
陆地总量	147.0			47.7		36.0		207.2	

生物圈中的植物层是各类生态系统的生产者，也称为植被。地球上的生物量中，植被占99%。植被具有调节气候、防风固沙、保持水土、稳定氧气库、净化环境和美化环境等作用。草地植被不仅是草地生态系统生物化学能和生命物质的生产者，满足其他生物生存和生命活动的需要，而且在维持地球环境稳定中具有重要意义。多数草地生态系统分布于地球表面环境条件相对严酷的地区，如干旱、高寒、盐碱化和过湿环境等，在这些生境中森林生态系统不能发育，只能靠草本植被覆盖来保护地面免遭风蚀和水土流失，并且以相对较低的初级生产力来维持较高的次级生产力水平（表2-2），说明草地生态系统的能量和物质转化效率高。因此，草地生态系统是维持地球环境稳定和充满生机的重要功能单位。

草地生态系统在地球表面分布范围很广，跨越多种水平气候带和垂直气候带，自然条件复杂多样，从而带来生物种群和群落的多样性，致使草地生态系统蕴藏着丰富的生物种质资源，是天然的物种基因库，具有独特的生物多样性（包括独特的植物、动物和微生物物种及其生态复合体和生态过程），特别是草地生态系统是许多大型食草动物和食肉动物的栖息地。这些物种对自然群落的演替、对自然种群的发展和物种的演化，还将继续起着重要作用。除牧草和各种家畜以外，草地生态系统中还拥有大量具有其他经济用途的野生动植物资源，如药用植物、芳香油植物、纤维植物、观赏植物、草坪植物、药用动物、毛皮动物、观赏动物，以及可食用和药用的真菌等。因此，草地生态系统也是维持地球生物圈生物多样性和多种生物资源综合开发的重要功能单位。

草地生态系统不是孤立存在的，它与其他生态系统彼此间相互联系和相互影响，这种联系和影响是通过空气、水和动物活动来完成的。空气流动和风力的作用可以携带无机物质（沙、尘土等）、植物的花粉、繁殖体从一个系统到另一个系统，不仅带来了物质的流动或交流，也使植物群落组成发生某些变化。流水可以把生态系统的无机物和有机物带到河流和海洋等水域，也可以将其从一个生态系统带到另一个生态系统。这种现象是很普遍的，高山草地的物质（有机物、无机物）通过水流进入亚高山森林生态系统和中山森林生态系统，山地森林生态系统的物质通过水流带到山体下部次生草地生态系统或池塘、水库生态系统，再随灌溉水流入农田生态系统。这些生态系统受降水量和地形条件的影响。动物活动使不同的生态系统发生种种联系和影响，一些动物栖息于森林，觅食于草地，也使不同的生态系统发生物质和能量的交流现象。食草动物、食肉动物和杂食动物都有促进不同系统间物质交流的现象。飞翔的动物这种影响范围则更为广泛。因此，草地生态系统是与其他生态系统相互联系的开放系统，是与其他生态系统交换能量和物质的功能单位。[①]

二、社会经济发展的生产单位

草地生态系统不仅是维护地球环境稳定、维持生物多样性、完成能量和物质循环转化的自然功能单位，而且是人类社会经济发展的重要生产单位。

各类草地生态系统不断地为人类生活提供优质的畜产品，是畜牧业经济的重要基础，而草地植被是畜牧业发展的主要生产资料。人们通过饲养牲畜把草场上的饲用植物转化为各种畜产品，如肉、乳、毛、皮等作为生活资料。目前，以草地生态系统（包括天然草地和人工草地）牧养的牲畜头数占总牲畜头数的80%，其中包括总羊数的90%、总马数的60%和总牛数的40%。

人类利用草地生态系统发展畜牧业有着悠久的历史，积累了丰富的草地利用和饲养家畜的经验，作为重要生产单位一直伴随着人类社会和经济的发展。从历史观的角度分析，人类对草地的利用形式和内容随着生产关系、科学和技术的发展，经历了以下4个时期。

第一个时期是人类依靠狩猎草地上的野生动物获得食物、衣着和其

①王兵，迟功德，董泽生，等．辽宁省森林、湿地、草地生态系统服务功能评估[M].北京：中国林业出版社，2020.

他用品。距今170万年前至1万年前，刚刚脱离动物界的原始人类利用简单的工具猎取草地上的野生动物，并在狩猎活动中对一些野生动物的习性有了不断的认识。

第二个时期是人类把捕获的野生动物围起来进行驯化圈养、原始游牧和自由放牧阶段。距今1万年前到4000年前，在我国北方马、牛、羊、鸡、犬、豕"六畜"俱全的原始畜牧业已具雏形。这一阶段长达数千年甚至近万年之久，以简单的原始游牧和自由放牧方式利用草地。在这种生产方式支配下，草地生产力很低，畜牧业发展缓慢，对草地的利用极不合理，草地生态环境迅速恶化。

第三个时期是草地畜牧业迅速发展的阶段。这一时期以放牧为主，并采取一定数量的补饲。在这一时期人们已认识到完全依靠天然草地进行牧业生产的缺陷，开始发展小型饲料耕地，有了割草地和放牧地的初步划分，开始进行冬季储草工作，一部分牧民已开始走向定居游牧或定居轮牧。草地放牧场经历了由"自由放牧"到"划分季节牧场""定居移场放牧"和"定居划区轮牧"的转变。但相对而言，这种活动带有被动的性质和盲目、急功近利的特色，不仅补饲成分所占比例很小，而且盲目开垦草地，迅速增加草地载畜量，给牧业生产带来了更大的灾难。

第四个时期是现代草地培育、改良和大规模建设时期。在这一时期，人类开始进行了大规模的草地资源调查，较充分地认识到草地生态系统的规律，进行了以"基本牧场"为中心的草地建设，推行人工草地，改良天然草地，强调草地利用的生态效益和现代科学技术的运用，在草地利用和生产的认识上有了更深层次的发展。

立草为业，将草业与农业、林业等产业同等对待，已成为普遍共识，也符合中国的实情。中国有约$4.0×10^6 km^2$的草地，约占国土面积的41%，其面积远比农地、林地大，是其各自面积的3.3倍左右。而且草业的概念也超越了目前草地畜牧业的范畴，它是更广泛、更完整的生态系统，其内含不仅包括原来的草地畜牧业，而且还包括资源、环保、多用途开发和生产流通各领域。许鹏指出，草业的结构成分至少可以包括以下14个方面：第一，天然草地的保护、利用、改良和建设；第二，人工饲料生产基地的建设；第三，农林工副饲料资源的开发与利用；第四，饲料加工业的组织发展；第五，农牧区饲料资源组合利用的统筹组织；第六，牧草病虫害防治；第七，草原防火；第八，草坪建设；第九，防风、固沙和水土保持组织工作；第十，饲料商品生产与流通的组织工作；第十一，草地植物的多用途开发和生物多样性保护；第十二，草地自然保护区和旅游区建设；第十三，草地技术推广、服务、教育培训、科学研究的组织发展；第十四，草业管理机构的组织发展。

应用草业系统工程理论，发展草地畜牧业生产是我国草地资源利用与建设的重要途径。草业系统工程是以草地和牧草为基础，建立高度综合的、能量循环的、多层次、高效益的生产系统，把专业化、社会化、商品化的现代草地畜牧业经营体系作为发展目标，实行种草、养畜、加工、生产、科研、培训、牧工商的生产科研体系和产前、产中、产后服务体系，在体制、技术、经营、流通和管理领域进行改革、挖潜和优化，促进资源经济的最大效益。同时按照草地资源再生性规律，保证生态系统内能流和物流的平衡，使之永续利用、稳产高产、可持续发展。另外，以知识密集型的草业理论为基础，发挥草地资源的多用途和多功能的自然属性，做到综合开发。

第三章　草地生态系统的主要类型

第一节　地带性草地生态系统

地球表面的热量随所在纬度不同而变化，一方面沿纬度方向主要由于热量变化成带状发生有规律的更替，称为纬度地带性；另一方面从沿海向内陆方向主要由于水分变化成带状发生有规律的更替，称为经度地带性；此外，随着海拔高度的增加，气候、土壤和动植物也发生有规律的更替，称为垂直地带性。我国东南一半地区受海洋气团的影响，气候温暖湿润。越往西北，来自西伯利亚和蒙古的高压大陆气团作用越强，因此从东南到西北，气候的干旱程度逐渐递增。反映在植被上，依次形成森林、草原和荒漠。我国的地带性草原植被主要分布于温带内陆地区，位于欧亚大陆草原的东半部。东南部与温带、暖温带森林生态系统相连，西部与温带荒漠生态系统接壤。自东南向西北，依次为草甸草原、典型草原和荒漠草原，呈较明显的经度地带性规律。在青藏高原高海拔地区，由于寒冷、干旱的高原大陆性气候的影响，形成了垂直地带性草原植被类型，即高寒草原。①

我国地带性草原集中分布的地区大致从北纬51°起，南达北纬35°，南北跨16个纬度，从东北平原到青海省东部的湟水河谷，东西绵延达2500km。在这一广阔范围内，草原植被的分布高度随纬度南移而逐步升高。最北的松嫩平原海拔120~200m；向西依次为西辽河平原西部海拔400~500m；内蒙古高原海拔1100~1200m；鄂尔多斯高原海拔1400~1500m；黄土高原西缘海拔2000m，最高达3000m；再往西南地势急剧上升，青藏高原的高寒草原分布在海拔3500~4000m。纬度的南移由于海拔的升高而互相抵消，因此水热条件大体保持在温带半干旱到半湿润的水平，年均温度为-3℃~9℃，≥10℃积温为1600℃~3200℃，最冷月平均

---

①卫智军，韩国栋，赵钢，等. 中国荒漠草原生态系统研究[M]. 北京：科学出版社，2013.

温度为-7℃～29℃，年降水量为150～600mm，干燥度为1～3.5。各地带性草地生态系统的基本特点及其分布如下。

一、草甸草原

在我国温带草原区域内，与森林相邻的一侧的一狭长地带或典型草原地带的丘陵阴坡、宽谷和山地上部等分布着草原群落中喜湿润的类型，即为草甸草原（meadow grassland）。草甸草原群落中，建群种为中旱生或广旱生的多年生草本植物，并经常混生大量以杂类草为主的中生或中旱生植物，其次是一些中生或中旱生根茎禾草与丛生苔草。典型旱生丛生禾草仍起一定作用，但一般不占优势。草原上的旱生小半灌木层片几乎不起作用。

草甸草原种类组成丰富，覆盖度大，生产力比较高。主要建群种有贝加尔针茅、羊草、线叶菊、白羊草、小尖隐子草和吉尔吉斯针茅等。在中生杂类草层片中，地榆、野豌豆、山鼟豆、斜茎黄芪、蓬子菜、小黄花菜、糙苏、水苏、箭头唐松草等，经常起到优势作用。

我国草甸草原主要分为三大类型，即丛生禾草草甸草原、根茎禾草草甸草原和杂类草草甸草原。

丛生禾草草甸草原主要有贝加尔针茅草原（主要分布于内蒙古高原东部及东北松嫩平原的森林草原区，即大兴安岭东西两侧）、吉尔吉斯针茅草原（主要分布于新疆维吾尔自治区伊犁谷地和天山北坡，属荒漠区山地草原，分布高度西部为1600～1800m，东部为1800～2000m）、小尖隐子草草原（主要分布于我国甘肃省陇东黄土高原地区，海拔1200~1400m的黄土丘陵的阳坡或半阳坡）、白羊草草原（是我国暖温带草甸草原的代表类型，主要分布于华北西部和西北部的低山丘陵及其外围地区，尤其是陕北白云山南麓及其以东以南广大丘陵沟壑区，海拔800～1600m）。

贝加尔针茅草原是丛生禾草草甸草原的主要代表类型，也是欧亚草原区东端森林草原地带所特有的一个草原类型。这类草原分布面积较大，在我国草地牧业生产中起到较大作用。贝加尔针茅草原分布于半湿润地区，年降水量为350～450mm；年均温度北部为-3℃～-2℃，南部为3℃～4℃；≥10℃年积温北部为1700℃～1800℃，南部为2700℃～

2800℃，干燥度为1.5左右。在地形分布上，贝加尔针茅草原相当稳定地分布于排水良好的丘陵坡地、台地、山前倾斜平原以及松嫩平原的外围平地。土壤较肥沃，主要为黑钙土及黑钙土+沙土。在松嫩平原上，由于小地形或局部基质和土壤条件的差异，而出现不同类型的草甸草原复合体，如贝加尔针茅草原与羊草草原或线叶菊草原的交替现象。贝加尔针茅在群落中占有绝对优势，相对盖度达45%，相对质量为30%～40%，频度为100%。其他亚优势植物有羊草、线叶菊、野古草、黄囊薹草、地榆、野苜蓿、斜茎黄芪、黄花菜、裂叶蒿、南牡蒿等。

根茎禾草草甸草原主要有羊草草原（广泛分布于我国东北平原和内蒙古高原，以及俄罗斯的外贝加尔、蒙古国的东部和北部）和窄颖赖草草原（主要分布于阿尔泰山山地，分布高度西部为1400m，东部为2000m，多处于山地针叶林和灌丛分布范围的阳坡）。羊草草原是根茎禾草草甸草原的代表类型，分布广泛，生产力高，类型复杂多样，有一定的耐盐碱性，也是典型草原的重要群落之一。我国的羊草草原大体可分为3类：羊草+中生杂类草草原（羊草草甸草原）、羊草+旱生丛生禾草草原（羊草典型草原）和羊草+盐中生杂类草草原（羊草盐湿化草原）。羊草+中生杂类草草原是羊草草原中最湿润、最具代表性的一个类型，主要分布于大兴安岭东西两侧及松嫩平原的森林草原地带，土壤为黑钙土，在松嫩平原还见于碱化草甸土上。群落草群繁茂，总盖度可达70%～90%，种类组成丰富，种的饱和度大，每平方米15～20种，高者达25种。中生杂类草主要有地榆、蔓委陵菜、山野豌豆、广布野豌豆、山黧豆、野火球、黄花菜、箭头唐松草、蓬子菜、裂叶蒿等。羊草+旱生丛生禾草草原旱生性较强，主要分布于典型草原栗钙土上。群落草群较稀疏，总盖度50%左右。草群中除羊草外，旱生丛生禾草层片常起优势作用，主要有大针茅、糙隐子草、冰草、溚草、硬质早熟禾等。羊草+盐中生杂类草草原分布于松嫩平原平地及内蒙古高原湖泡外围及闭锁低地等半隐域性生境，土壤为草甸栗钙土、碱化栗钙土、碱化草甸土和柱状碱土。这里只有生态幅宽又耐盐碱的羊草茂密生长，其他植物数量较少，种饱和度较低，每平方米仅4～10种。具指示意义的伴生种有草地风毛菊、西伯利亚蓼、马蔺、碱蒿、星星草、朝鲜碱茅、芨芨草等。

杂类草草甸草原的主要代表类型是具有山地草原性质的线叶菊草原，其分布范围大致介于东经100°～132°，北纬37°～54°，分布区呈"丁"字形，西自杭爱山北麓，沿一系列山系往东延伸，至大兴安岭转南，直到燕山山脉北部及阴山山脉东段，在上述山系的山前丘陵及其外围地区绵延分布。在我国境内，线叶菊草原主要分布在大兴安岭东西两麓低山丘陵地带的呼伦贝尔草原和锡林郭勒草原东部以及松嫩平原北部，基本上限于森林草原地带之内，并总是零散出现在海拔较高的平缓山顶或高台地上。线叶菊在群落中占绝对优势，相对盖度与相对质量均达40%~50%或更高，频度近100%。线叶菊草原种类组成丰富，外貌比较华丽，种的饱和度一般都很高，每平方米20种左右，最高可达35种。其他能起亚建群作用或优势作用的植物有贝加尔针茅、大针茅、克氏针茅、羊茅；根茎禾草中的羊草、野古草、大油芒；丛生苔草脚苔草，根茎苔草黄囊薹草、寸草苔，旱中生灌木山杏、耧斗菜叶绣线菊等。

二、典型草原

典型草原（typical steppe）又称真草原、干草原（dry grassland），在我国草原区占有最大面积，并居于草原生态系统中心地位。我国内蒙古高原和鄂尔多斯高原大部、东北平原西南部及黄土高原中西部均为大面积典型草原群落。此外，还见于阿尔泰山及荒漠区的山地。不管在平原、高原还是在山地，典型草原均居于草甸草原和荒漠草原的居间位置。在气候上属于半干旱区，优势土壤类型为栗钙土，在温暖地区为淡黑垆土，山地为多石块的山地栗钙土。典型草原分布区也是我国草地畜牧业最发达的地区。

典型草原的建群种由典型旱生或广旱生植物组成，其中以丛生禾草为主。群落组成中，旱生丛生禾草层片占最大优势，可伴生不同数量的中旱生杂类草以及旱生根茎苔草，有时还混生旱生灌木或小半灌木，中生杂类草层片不起作用。主要建群种有大针茅、克氏针茅、本氏针茅、针茅、羊茅、沟叶羊茅、糙隐子草、冷蒿、百里香等。

我国的典型草原可分为三大类型：丛生禾草草原、根茎禾草草原和半灌木及小半灌木草原。

丛生禾草草原是典型草原最基本的类型，包括大针茅草原、克氏针茅草原、本氏针茅草原、针茅草原、冰草草原以及放牧干扰下形成的糙隐子草草原等，其中代表性类型为大针茅草原和克氏针茅草原。大针茅草原是欧亚草原区亚洲中部亚区特有的一个草原类型，其分布中心在内蒙古高原的草原地带。在我国，大针茅草原主要分布在内蒙古高原，它的出现总与典型草原的地带性生境相联系。有时可出现在森林草原的边缘，与贝加尔针茅草原相接，但不进入荒漠草原区。大针茅草原是我国典型草原中最典型、最稳定的类型，在划分草原植被地带时，具有标志作用。其分布区气候属半干旱气候，年降水量为250～350mm，干燥度为1.5～2.0，每年有1～2个月的干旱及半干旱期，≥10℃积温为1800℃～2100℃，植物生育期为180～210天。土壤为栗钙土和暗栗钙土，壤质或沙壤质土，腐殖质层下具有明显钙积层。群落中起优势作用的植物有糙隐子草、冰草、羊茅、羊草、寸草苔、黄囊薹草、冷蒿、线叶菊、麻花头、柴胡、防风、轮叶委陵菜、华北岩黄芪、小叶锦鸡儿、狼毒、知母等。另外，野苜蓿、北芸香、变蒿、星毛委陵菜、芯芭和葱也很常见。克氏针茅草原也是亚洲中部草原亚区所特有的草原类型，其分布范围比较广，分布中心虽然也在内蒙古高原，但比大针茅草原更加靠西、靠南，直接与荒漠草原相接。往南随着温度的升高，被暖温性的本氏针茅草原所取代。本氏针茅草原所在的分布区气候湿润度比大针茅草原低，干燥度多大于2.0，热量较高，≥10℃积温为2000℃～2500℃。土壤为栗钙土，与大针茅草原相比，生草化作用减弱而钙化作用增强，腐殖质层厚度及含量均有所减少，土壤质地较粗，多小砾石，也是风化和干旱增强的标志。群落植物组成与大针茅草原相似，但是猪毛蒿、刺藜、猪毛菜等作用增大，狭叶锦鸡儿、驼绒藜和蓍状亚菊等一年、二年生植物在荒漠草原常占优势。

根茎禾草草原仅在羊草典型草原能发挥较大作用，在典型草原中所起的作用较小。

半灌木及小半灌木草原多见于砾石坡地及过牧地段，主要有百里香草原和冷蒿草原等。百里香草原是以唇形科的小半灌木百里香为建群种的小半灌木植被，广泛分布于内蒙古高原的典型草原地带，也可进入森林草原地带，是在漫长的表土风蚀与风积过程中形成的一种特殊的草原生态类型。建群种百里香常与本氏针茅、冷蒿、兴安胡枝子组成共建群落，常见的伴生种有阿尔泰狗娃花、祁州漏芦、麻花头、草木樨状黄耆、糙叶黄芪、乳白花黄芪、花苜蓿、星毛委陵菜、二裂委陵菜、黄花黄芩、北芸香、多根葱、蒙古韭等。冷蒿草原是以菊科小半灌木冷蒿为建群种的草原类型，多数是在过度放牧或强烈风蚀等因素影响下，由针茅草原或其他草原类型演变而来，具有偏途顶极的性质。冷蒿草原分布的东界是西辽河流域的西南部，往西广泛分布于内蒙古高原和鄂尔多斯高原的典型草原和荒漠草原地带，并沿草原区延伸到蒙古国和哈萨克斯坦共和国。冷蒿草原分布区内的气候条件变化很大，年降水量为150～400mm。不同地带，冷蒿草原由不同类型演替而来，因此它们的性质有明显差异。冷蒿草原可分为干草原型和荒漠草原型，常与大针茅、克氏针茅、戈壁针茅、沙生针茅、本氏针茅、羊草、百里香等优势种或亚优势种组成群落，常见伴生种分别与典型草原和荒漠草原相似。另外，有刺小灌木小叶锦鸡儿、狭叶锦鸡儿有时成为冷蒿草原的景观植物。

三、荒漠草原

荒漠草原位于温带草原区的西侧，以狭长带状呈东北至西南方向分布，往西逐渐过渡到荒漠区。气候上处于干旱区与半干旱区的边缘地带，代表性土壤为淡栗钙土和棕钙土。另外，在荒漠区的山地草原带，荒漠草原占据了山地草原带的最下部，形成荒漠草原亚带，如天山山地荒漠草原和阿尔金山山地荒漠草原。

荒漠草原是草原中最旱生的类型，建群种由强旱生丛生禾草组成，经常生长大量强旱生小半灌木，并在群落中形成稳定的优势层片。在一定条件下，强旱生小半灌木可成为建群种。一年生植物层片和地衣、藻类层片的作用明显增强。在基质较粗的条件下，草原旱生灌木在群落中也起一定作用。荒漠草原在种类丰富度、草群高度、群落盖度和生态系统生产力等方面都比典型草原明显降低，群落生态组成除强旱生丛生禾草外，出现大量强旱生小半灌木。荒漠草原主要建群植物在丛生禾草中有戈壁针茅、短花针茅、石生针茅、沙生针茅、东方针茅、高加索针茅等。丛生的多根葱也是重要的建群种。小半灌木中主要有薔状亚菊、女蒿、驴驴蒿、藏籽蒿等。

我国的荒漠草原可划分为3个类型：丛生禾草荒漠草原、小半灌木荒漠草原和杂类草荒漠草原。

丛生禾草荒漠草原主要有戈壁针茅草原、短花针茅草原、沙生针茅草原、石生针茅草原、东方针茅草原、高加索针茅草原和无芒隐子草草原等。其中戈壁针茅草原是荒漠草原的重要代表类型，在我国主要分布于内蒙古自治区乌兰察布高原和鄂尔多斯高原中西部地区。在荒漠区的山地，如贺兰山、祁连山、天山和阿尔泰山等也有出现。在蒙古国境内它是戈壁荒漠草原的优势类型。戈壁针茅草原是最耐旱的草原之一，分布区内年降水量一般低于250mm，≥10℃积温为2000℃～3100℃，植物发育期可达180～240天。土壤为棕钙土，腐殖质层比较浅薄，20~25mm以下普遍存在钙积层，地面通常覆盖着薄层的粗砂与砾石，这是常态风蚀的结果。戈壁针茅草原的常见植物种类有戈壁针茅、沙生针茅、短花针茅、无芒隐子草、多根葱、蒙古葱、戈壁天冬、兔唇花、荒漠丝石竹、大苞鸢尾、女蒿、菨状亚菊、栉叶蒿、叉枝鸦葱等。石生针茅草原主要见于山地和石质丘陵上部，并与砾石质土壤有密切联系。在我国，石生针茅草原大体分布在内蒙古高原及其以南的相邻地区（阴山山地、晋北山地和贺兰山）。短花针茅草原主要分布在亚洲中部荒漠草原地带气候偏暖的区域，同时也分布于荒漠区的一些山地。其分布中心是我国黄土高原地区，大致南从兰州至永登一线起，沿黄河往东北方向延伸，直抵乌拉山（阴山山脉）南麓，形成一个连续草原带，其西面与阿拉善荒漠为邻，东面与本氏针茅草原相接。

　　小半灌木荒漠草原主要有女蒿草原、驴驴蒿草原、菨状亚菊草原、灌木亚菊草原等。女蒿草原是亚洲中部荒漠草原地带具有地方性特色的一类旱生小半灌木植被。女蒿是一种高为15～20cm的灰绿色小半灌木，外形和色调与冷蒿颇为相似。其着叶量较低，小叶为倒卵形，分裂成3个浅裂片。在我国，女蒿草原的分布范围较集中，主要出现在内蒙古高原荒漠草原带的东半部，向西、向南则被更耐旱和更为喜暖的菨状亚菊草原和灌木亚菊草原所替代。向北则和蒙古国境内的荒漠草原相毗连。土壤为砾质、沙砾质棕钙土。多数情况下女蒿草原总是出现在戈壁针茅草原或沙生针茅草原的背景上，一般不占大面积的连续地段。主要植物组成有女蒿、冷蒿、燥原荠、戈壁针茅、沙生针茅、短花针茅、无芒隐子草、蒙古冰草、乳白花黄芪、糙叶黄芪、栉叶蒿、阿尔泰狗娃花、鸦葱、兔唇花、北芸香、芯芭、乳浆大戟、多根葱、蒙古葱、细叶韭、戈壁天冬等。菨状亚菊草原是女蒿草原的地理替代类型。分布区偏西，在气候更加干旱的荒漠草原的西半部，再向西可局部伸入草原化荒漠地带。菨状亚菊草原植物组成比较单纯，曾经出现在女蒿草原中的那些典型草原成分几乎完全消失，而旱生半灌木小半灌木作用增加，出现了驼绒藜、木地肤、藏锦鸡儿等草原化荒漠地带的优势种。驴驴蒿草原是我国荒漠草原特有的类型之一。分布面积不大，只见于祁连山东段的北麓、龙首山北麓，以及黄河以西，皋兰以北，老虎山以南的黄土丘陵、阶地和滩地。一般只限于发育在黄土母质的淡灰钙土和棕钙土上。主要植物种类有珍珠柴、红砂、合头草、尖叶盐爪爪、阿尔泰狗娃花、牛筋草、糙叶黄芪、骆驼蓬等，另外，猪毛蒿、雾冰藜、刺沙蓬等一年生植物在雨水多的年份有较充分的发育。

杂类草荒漠草原主要指多根葱草原。多根葱草原的分布，东从呼伦贝尔西南部起，经内蒙古高原广阔的草原与荒漠草原地带，向西进入荒漠区的山地，直达准格尔盆地西部扎依尔山和巴尔鲁克山东麓。它的分布中心是内蒙古高原的荒漠草原地带。多根葱是一种旱生密丛鳞茎植物，由许多密集的鳞茎形成草丛，外面被多层纤维鞘紧密包围，丛幅直径为 5~10cm，高为 15~20cm。多根葱营养价值很高，粗蛋白含量可达 18%~30%，枯黄初期仍达 10%，适口性也高。因此，多根葱草原是优良的放牧场，秋季对羊和骆驼的抓膘起很大作用。由于多根葱草原分布范围广泛，不同地区种类组成有一定差异。在呼伦贝尔高原西南部干草原，多根葱草原呈环状分布于盐湖外围，除多根葱占绝对优势外，伴生植物有羊草、克氏针茅、糙隐子草和红砂等。在内蒙古高原，多根葱草原分布在轻度盐碱化的低平地，呈片状与戈壁针茅草原复合存在，伴生植物有戈壁针茅、无芒隐子草、女蒿等。在新疆维吾尔自治区，多根葱草原局限于北塔山南麓、准噶尔盆地西部和天山赛里木湖以东的山间谷地，伴生植物有假木贼、无叶假木贼、短叶假木贼、盐生假木贼、木碱蓬、红砂、无芒隐子草、三芒草、冠芒草等。

四、高寒草原

高寒草原（alpine grassland）又称为高山草原或寒生草原，一般海拔在 3500m 以上（某些山地可出现在 2300~3100m），是大陆性气候强烈、寒冷而干旱的地区所特有的一个草原类型。以耐寒抗旱的多年生丛生禾草、根茎苔草和小半灌木为建群种，具有草群稀疏、覆盖度小、草丛低矮、层次结构简单、群落中伴生有适应高寒干旱生境条件的垫状植物层片和许多高山植物种类，以及生长季节较短、生物产量偏低等特点。

我国的高寒草原主要分布于青藏高原、帕米尔高原，以及阿尔泰山、天山、昆仑山和祁连山等亚洲中部高山。在天山等各大山地常呈垂直带出现；而在青藏高原面上，高寒草原分布较为宽广，具有高原地带性分布特征。

高寒草原的建群种以寒旱生丛生禾草为主，其区系成分有欧亚草原种，如克氏羊茅、假羊茅等；有的是亚洲中部高山成分，如座花针茅；有的为帕米尔高原和青藏高原成分，如紫花针茅、银穗羊茅；有的是青藏高原特有成分，如羽柱针茅和莎草科的脚苔草，以及菊科的小半灌木藏籽蒿、藏南蒿等。

我国的高寒草原可划分为3个类型：丛生禾草高寒草原、根茎苔草高寒草原和小半灌木高寒草原。

丛生禾草高寒草原主要有紫花针茅草原、羽柱针茅草原、座花针茅草原、克氏羊茅草原、假羊茅草原、银穗羊茅草原等。其中紫花针茅草原是分布最广、面积最大、最具代表性的类型。紫花针茅草原占据着青藏高原的核心——羌塘高原及西藏自治区南部湖盆、雅鲁藏布江中上游河谷及高山、青海省西部高原和亚洲中部高山、祁连山、昆仑山、天山及帕米尔高原。不仅在高山构成一定宽度的垂直带，而且在青藏高原构成高寒草原水平地带景观。紫花针茅草原类型复杂，常与许多高寒山地优势植物组成多种多样的群落。紫花针茅草原经济意义重大，是青藏高原和高寒山地重要的草场，蕴藏着丰富的饲草资源。

根茎苔草高寒草原主要是脚苔草草原。脚苔草广泛分布于羌塘高原北部，也见于阿里地区西部和雅鲁藏布江源头地区高山，海拔4900～5300m，常占据宽坦的古湖盆外缘阶地、较缓的山坡和坡麓地带。土壤基质多为砂质、砂砾质或细质黏土状灰白色湖相沉积，土层较深厚，透水性强，加之土中有凝结水的形成，剖面下层约1m处有永冻土层存在，所以土壤较湿润，一般无石灰反应，有些地方地表还有融冻泥流现象。脚苔是青藏高原特有成分，具有粗壮发达的根茎，生活力强，生态适应幅度广泛。但只是在羌塘高原北部才有大面积的集中分布，构成特有的地带性高寒草原群落。脚苔草草原群落类型不复杂，常见的有硬叶苔群落和硬叶苔-垫状驼绒藜群落。

小半灌木高寒草原主要有藏籽蒿草原、藏南蒿草原和垫状蒿草原。藏籽蒿草原为青藏高原的特有类型，广泛分布于喜马拉雅山北侧西藏自治区南部湖盆区、雅鲁藏布江中上游和羌塘高原南部等地的干旱山坡、山麓洪积扇、山间盆地和河谷阶地。海拔多在4200～4900m，主要见于砾质土上，并常与壤质土上的紫花针茅草原或沙生针茅草原交错分布。生长季节呈淡黄绿色外貌。藏籽蒿在群落中占绝对优势，相对盖度多在60%以上，高为8～30cm，一丛丛散布，分布格局比较均匀，伴生植物种类较多。藏南蒿草原主要分布于喜马拉雅山中段北侧西藏自治区南部湖盆区和雅鲁藏布江中上游加加里至里孜段。常占据山间宽谷、盆地、河谷阶地和山麓地带，地势较为开阔宽坦，微有倾斜，排水良好，海拔4400～4600m，土壤质地较粗，有较多碎砾，比较干燥。藏南蒿与根茎禾草固沙草共同组成群落，种类组成单纯。垫状蒿草原多呈小片状分布于羌塘高原中部、北部和阿里地区高山，海拔4800~5300m，常占据平缓的砂质山坡、山顶和鞍形分水岭地带，有时也见于湖盆外缘山坡坡麓。草群稀疏，覆盖度为10%～20%，草群高度仅10cm左右，外貌灰白绿色，季相十分单调，伴生植物种较少。

4个地带性草地生态系统的简要比较见表3-1。

表3-1　4个地带性草地生态系统的简要比较

生态系统类型	草甸草原	典型草原	荒漠草原	高寒草原
代表类型	贝加尔针茅群落	克氏针茅群落	戈壁针茅草原	紫花针茅草原
标志层片	中生杂类草	旱生丛生禾草	强旱生小半灌木	寒旱生矮禾草
总盖度/%	40～75	20～40	10～15	20～40
平均产量（干重）/kg·hm^{-2}	2000	800～1000	200	175～350
1m^{2}平均种数	20	15	11	
登记总种数	169	104	74	
旱生植物/%	25.4	49.1	78.0	寒旱生植物为主
中旱生植物/%	37.9	31.7	5.5	
中生植物/%	36.7	19.2	16.5	

第二节 典型草甸生态系统

典型草甸（typical meadow）主要由典型中生植物组成，是适应于中温、中湿环境的一类草甸群落，主要分布于温带森林区域和草原区域，此外也见于荒漠区和亚热带森林区海拔较高的山地。

在温带森林区，多分布于林缘、林间空地及遭反复火烧或砍伐的森林迹地。尤其在森林区向草原区过渡的地段，往往出现大面积连续分布的草甸群落，具有地带性意义，形成森林草甸地带，并逐渐向森林草原过渡。在草原区域，典型草甸出现2种生境：一是山地垂直带，其形成主要取决于大气降水和大气湿度，与地下水不一定有直接联系，土壤多为山地黑土、山地草甸土或亚高山草甸土；二是沟谷、河漫滩等低湿地段，其形成与地下水的补给有直接联系，为隐域类型，土壤为草甸土。在亚热带森林区，典型草甸主要分布在亚高山带，形成以杂类草为主的亚高山草甸。在荒漠区，典型草甸多出现于山地针叶林带和亚高山灌丛带，常与针叶林或高山灌木交错镶嵌分布。

典型草甸的种类组成丰富，类型复杂多样。尤其在森林区，多种杂类草为主构成了建群层片，草群茂密，外貌华丽，草群中常混生大量林下草本植物。在草原区与荒漠区，尤其是低湿地典型草甸，根茎禾草草甸和疏丛禾草草甸占有较大比例，种类组成比较单纯，其外貌也不够华丽。根据建群种的生活型，典型草甸又可分为杂类草草甸、根茎禾草草甸、丛生禾草草甸。[①]

一、杂类草草甸

杂类草草甸主要分布于温带森林地区及干旱、半干旱地区的山地，形成林缘草甸或亚高山草甸，主要有以地榆、裂叶蒿为主的草甸，以高山象牙参、云南米口袋为主的草甸，以及高山糙苏草甸、紫苞鸢尾草甸、白花老鹳草草甸、黄花苜蓿草甸、白香草木樨草甸和白车轴草草甸等。

地榆、裂叶蒿为主的杂类草草甸主要分布于东北及内蒙古自治区东部森林草原地带和落叶阔叶林区的边缘。群落种类组成十分丰富，每平方米饱和度达20~25种，中生杂类草占优势。秋季百花盛开，五彩缤纷，十

---

①孙鸿烈. 中国生态问题与对策[M]. 北京：科学出版社，2011.

分华丽，俗称五花草甸。群落生产力很高，干有机物产量可达2500kg/hm²以上。大量有机物质在温凉湿润条件下，在土壤中进行腐殖质积累与还原淋溶过程，形成了极为肥沃、深厚的黑土。该类土壤也是我国结构性最好、肥力最高的土壤之一，因此为优质宜垦地，目前也大部分开垦为良田。这类草甸建群层片以中生杂类草为主，主要有地榆、裂叶蒿、山野豌豆、蓬子菜、莓叶委陵菜、柳叶蒿、沙参、兴安白头翁、小黄花菜、细叶百合、黄花败酱、脚苔草等。此外，常见伴生种有拂子茅、小叶章、羊草、贝加尔针茅、线叶菊、缬草等。有时，中生灌木兴安柳、沼柳也可达到优势地位，形成灌丛化草甸。

高山糙苏草甸和紫苞鸢尾草甸主要分布于新疆维吾尔自治区天山北坡西段和巴尔鲁克山，海拔分别为2200～2400m和1500～2300m。常见于林带上限附近和林带内空地或中山带阴坡，土壤为亚高山草甸土和黑钙土。它们是经济价值较低，适口性欠佳的夏季牧场。高山糙苏草甸以高山糙苏为建群种，并与大花青兰、黄花茅、斗蓬草、紫苞鸢尾、黑穗薹草等亚建群种组成不同群落。草群发育良好，总盖度为70%～95%，草层高度为30～40cm，夏季外貌比较华丽。紫苞鸢尾草甸以紫苞鸢尾为建群种与亚建群种黑穗薹草、紫羊茅、疏序早熟禾、无芒雀麦、绿草莓、褐苞三肋果等组成不同群落。群落总盖度为60%～80%，草层高度为30～40cm，5月下旬，紫苞鸢尾蓝色花朵开放，在绿色背景映衬下，季相十分华丽。

以高山象牙参、云南米口袋为主的杂类草草甸普遍分布于滇西北、滇东北的亚高山山地，海拔3200～3700m，大致在云杉林和冷杉林分布的地带。分布地的地形比较平坦，大多为10°～30°缓坡。此外，四川省、陕西省、甘肃省和青藏高原的东南缘以及华北高山也有分布。一般耐牧性较强，草质较好，是山地的良好天然牧场之一。此类草甸组成种类多样，多以中生植物和湿中生植物为主，群落夏季季相华丽。在滇北地区，占优势的杂类草有高山象牙参、云南米口袋、珠芽蓼、二色香青、黄钟花、粉叶黄毛草莓、水仙状银莲花等，并有较多的禾草，如羊茅、野青茅和莎草科曲氏薹草等。

二、根茎禾草草甸

根茎禾草草甸主要分布于沟谷、河滩，多受地下水补给影响，也见于山地、丘陵坡地。主要有拂子茅草甸、假苇拂子茅草甸、无芒雀麦草甸、短柄草草甸、光稃茅香草甸、结缕草草甸、狗牙根草甸、高牛鞭草草甸、看麦娘草甸、剪股颖草甸、小糠草草甸和偃麦草草甸等。

拂子茅草甸主要分布于我国东北三江平原、北方草原区各地和新疆维吾尔自治区荒漠区山地。在不同的地区其群落学特点有所不同。在内蒙古草原区，拂子茅草甸多出现于河滩或丘间的低湿地，地表湿润，有时有临时积水，无盐渍化或有轻微盐渍化。群落中以拂子茅为建群种，并与假苇拂子茅、羊草、赖草、芦苇、披碱草、野古草、荻、无芒雀麦、光稃茅香，以及杂类草裂叶蒿、地榆等组成各类群落。常见伴生种有看麦娘、荩草、野豌豆、野火球、黄花苜蓿、大花旋覆花、鹅绒委陵菜和车前等。在新疆维吾尔自治区，主要分布于天山北坡西段昭苏地区和巴尔鲁克山北坡海拔 1500～1800m 的低山古老洪积扇上。在生境干旱的地区，沟叶羊茅和针茅可成为亚建群种；在水分稍多的地区，苔草和杂类草则参加建群。常见伴生植物有早熟禾、小糠草、赖草、黄花苜蓿、唐松草等。拂子茅草甸主要用于割草场，也可用于冬季放牧场，草质中等，草层较高，可达 40～120cm，适宜马、牛等大牲畜利用。

假苇拂子茅草甸主要分布于内蒙古自治区、宁夏回族自治区、甘肃省、新疆维吾尔自治区等各大河流的河漫滩和阶地上，也见于沙漠中淡水湖盆的周围。一般土壤发育微弱，为原始冲积性草甸土，质地偏沙，地表偶有盐霜，地下水位较高，洪水季节常遭水浸，生境比较湿润。建群种为假苇拂子茅，常形成单优群落，有的是与拂子茅共建。伴生种有少量芦苇、小香蒲、苦豆子、苔草和蓟等。在新疆维吾尔自治区荒漠区，群落中有时还零星生长柳、尖果沙枣、多枝柽柳和铃铛刺等灌木。假苇拂子茅草甸常用于夏季牧场或割草场，草质中等，草层高度为 60～90cm，适宜马、牛等大牲畜利用。

狗牙根草甸主要分布于暖温带和亚热带地区。常占据湖泊或河流的泛滥地、地下水位较高的平缓地区或沟谷的冲积扇上，为沙壤质草甸土或沼泽草甸土，有时地表有微弱盐化现象。狗牙根根茎十分发达，地上部多匍匐于地面，株高为 15cm 左右，生活力很强，在群落中占绝对优势，构成建群种。草群密集，常形成致密的"地毯"状绿色草皮。其覆被状况和种类组成各地有所不同：在华北落叶阔叶林区南部，群落盖度可达 90% 以上，常伴生有马唐、虎尾草、鸡眼草、委陵菜、阿尔泰狗娃花、大花旋覆花、香附子、夏至草等；在地下水位较高的地区，还伴生有牛毛毡、扁秆藨草等湿生植物。在新疆维吾尔自治区干旱荒漠地区，狗牙根草甸发育较差，总盖度仅为30%～40%，伴生植物常见有百脉根、蒲公英等少数种类。狗牙根的耐牧性强，为优良牧草，而且由于其根茎发达，也是良好的保土植物。这种类型的草甸可用于放牧场。

三、丛生禾草草甸

丛生禾草草甸主要分布于我国西北主要山地，如天山、巴尔鲁克山、塔尔巴哈台山、阿尔泰山、阿拉套山、萨吾尔山等，以及青藏高原东南部、祁连山东部山地和滇东北山地。主要类型有鸭茅草甸、高禾草草甸、野青茅草甸、垂穗披碱草草甸、异燕麦草甸和直穗鹅观草草甸等。

鸭茅草甸主要见于新疆维吾尔自治区巴尔鲁克山、塔尔巴哈台山、阿拉套山海拔1500～1700m的山地、伊犁谷地和特克斯山间盆地，常呈小片分布，土壤为山地草甸土。草群生长繁茂，盖度可达95%左右，草层高为100～120cm，可明显分为2个亚层，100cm以上为高大禾草，60cm以下以杂类草为主，夏相华丽。群落中优势度较大的植物有异燕麦、林地早熟禾、匍茎小糠草、老鹳草、牛至等。常见伴生植物有直穗鹅观草、拂子茅、桃叶蓼、斗蓬草、干叶薯、苔草、红花樱草等。鸭茅草甸主要用于割草场，也可用于春秋放牧场。鸭茅茎叶柔软，营养丰富，草质优良，产草量可达4500kg/hm²，为各类家畜所喜食。

野青茅草甸主要分布于滇东北乌蒙山地，海拔3100～3300m，处于中山向亚高山的过渡地带，但基本上属亚高山范围。草甸面积较大，主要分布在平坦缓坡，常连续成片，其间无木本植物，可为长期放牧场。群落草层高为15～30cm，总盖度为80%～95%。外貌上以成片的禾草为背景，其间散生多种花色的杂类草。野青茅为群落建群种，优势较大的植物有穗序野古草、羊茅、西南委陵菜、狼毒、二色香青、高山紫菀、黄花堇菜、珠芽蓼、四脉金茅、羽苞藁本等。常见伴生植物有葱状灯芯草、多花地杨梅、山地香茶菜、滇缅画眉草、云南羊茅、滇龙胆草、凹瓣梅花草等。

垂穗披碱草草甸主要分布于青藏高原东南部及祁连山东部山地，常以小片或斑块状出现于亚高山森林带林间空地、高山灌丛边缘和平缓的高原面上，也见于某些丘间径流汇聚处和河谷阶地。这类草甸的形成常与森林砍伐破坏或放牧等人类活动关系密切，基本上属于次生的草甸类型。垂穗披碱草草甸的草群生长茂盛，总盖度达70%～95%；草层较高，一般为40～80cm，最高可达120cm。旱中生根茎疏丛禾草和垂穗披碱草占绝对优势，常成单优势群落。常见伴生种有垂穗鹅观草、鹅绒委陵菜、银莲花、蒲公英、野苜蓿、早熟禾、珠芽蓼和苔草等。垂穗披碱草草甸是青藏高原产草量最高的天然草场，平均为1200～3000kg/hm²，而且草质柔软适口，营养丰富，各类牲畜均喜采食。同时也是良好的割草场。

第三节　高寒草甸生态系统

高寒草甸生态系统是在高海拔、高寒而干旱的地区，由旱生多年生丛生禾草、根茎苔草和小半灌木为建群种构成的植物群落和与之相适应的动物、微生物组成的生物生产力较低的陆地生态系统。高寒草甸在我国以密丛短根茎地下芽蒿草属植物建成的群落为主要建群种组成的蒿草高寒草甸为主。另外，还有苔草高寒草甸、丛生禾草高寒草甸和杂类草高寒草甸等类型。高寒草甸的分布和发育，同其他地带性植被一样，受一定的生态地理条件制约。在我国，主要分布在青藏高原东部和高原东南缘高山以及祁连山、天山和帕米尔高原等亚洲中部高山，向东延伸到秦岭主峰太白山和小五台山南台，海拔3200～5200m。

分布地区的气候特点是高寒、中湿、日照充足、太阳辐射强、风大。在青藏高原的东部，夏季受东南季风与西南季风的影响，水汽充沛，湿润多雨。因而气候寒冷且较湿润，年平均气温一般在0℃以下，最冷月（1月）的平均气温低于-10℃，即使最暖的月份也经常出现霜冻和降雪。年降水量为350～550mm，多集中在6—9月。西风环流在冬半年（11月至第二年5月）控制全区，致使气候严寒、干燥、少雨。在这种气候条件的影响下，它们构成了青藏高原东部的高原地带性植被；而在我国西南、西北部的高山，如秦岭和天山等山地，虽然处于不同的植被区，但由于山地地形的影响，降水多，加之山地冰雪融水的补给，土壤湿润，气候寒冷，高寒草甸成了山地垂直带谱中的重要组成部分，其分布界线随着地区气候由湿润变干旱，自南向北和由东往西逐渐升高。高寒草甸的这种分布规律同西部地区受大气环流的影响相一致。它的分布下限可延伸到高寒灌丛带，与山地森林带、山地草原带相连接；其分布上限与高寒垫状植被、高山流石滩稀疏植被相连接，甚至有些种类可参加到后两者当中，成为其重要组成部分。

土壤为高山草甸土。高山草甸土以生草过程为主导，生草过程以上部根系盘结致密紧实的毡状草皮层为最主要的表现特征；淋溶作用较强，有机质含量高，土壤水分适中，土层薄，一般为30~50cm，质地为轻壤、沙壤（青海省）或轻壤、中壤（西藏自治区），除草皮层外，全剖面砾石含量为5%~30%，向下逐渐增多，一般无石灰反应或最下部呈弱至中等石灰反应，微酸性至中性。在一定深度下存在着多年冻土层，在强烈的寒冻作用下产生冻胀裂缝、冻胀丘和泥流阶地等小地形，由此出现群落的镶嵌与复合现象。高寒草甸具有草层低矮、结构简单、层次分化不明显，一般仅草本一层，草群生长密集、覆盖度大、生长季节短、生物生产量低等特点。[1]

一、蒿草高寒草甸

蒿草高寒草甸是最典型、面积最大、分布最广的一类高寒草甸，主要分布于青藏高原排水良好、土壤水分适中的山地、低丘、漫岗和宽谷，也见于青藏高原周围高山，为高寒草甸的重要类型，海拔3200~5200m，个别地区可下降到2300m，构成高寒草甸的主体。土壤为高寒草甸土，土层较薄，有机质含量高，中性或微酸性。群落外貌整齐，草层茂密，总盖度为50%~90%；由于草群较低，层次分化不明显。主要类型有小蒿草草甸、矮生蒿草草甸、线叶蒿草草甸、禾叶蒿草草甸、四川蒿草草甸、短轴蒿草草甸、喜马拉雅蒿草草甸、塔城蒿草草甸和北方蒿草草甸等。

小蒿草草甸是青藏高原分布最广、占地面积最大的类型之一，广泛发育在森林带以上的高寒灌丛草甸带和高原面上。小蒿草植株高为3~5cm，生长密集，占绝对优势，分盖度达50%~80%。夏季外貌呈黄绿色或绿色，并杂以杂类草的各色花朵，犹如华丽而平展的绿色地毯，很容易与其他类型相区别。由于水平分布广、垂直分布幅度大，因而该群落种类组成、结构和外貌特点等具有明显差异。在西藏自治区东部的昌都、

---

① 赵新全. 高寒草甸生态系统与全球变化[M]. 北京：科学出版社，2009.

林芝一带，青海省东南部的久治、班玛以及川西的阿坝、石渠等较湿润的地区，常分布于海拔4200~4800m的山地阳坡。群落中圆穗蓼常成为次优势种或主要伴生种。圆穗蓼株高10cm以上，形成群落上层，分盖度为15%~30%。伴生植物主要为高禾草、苔草和杂类草，常见的有羊茅、早熟禾、条叶银莲花、紫苑、川藏蒲公英、川西小黄菊、高山唐松草、华丽龙胆、委陵菜、风毛菊等。在藏北高原和青南高原东部，小蒿草草甸广泛分布于海拔5300m以下的阳坡、阴坡、浑圆低丘和河谷阶地，是该地区最具地带性的类型。群落中杂类草数量较少，外貌比较单调。常见伴生种有矮生蒿草、异针茅、紫花针茅、羊茅、矮火绒草、纤细火绒草、华丽龙胆、沙生风毛菊、高山唐松草等。在喜马拉雅山北坡和雅鲁藏布江流域，小蒿草草甸分布在灌丛草原带之上，占据海拔4600~5200m的高山带，与高寒草原交错分布。群落中黑褐苔草数量增加，常见伴生种有矮生蒿草、脚苔草、黑褐苔草、高山早熟禾、光稃早熟禾、云生早熟禾、西藏早熟禾、丝颖针茅、紫花针茅、高山唐松草、藏布红景天、红景天、禾叶点地梅、小叶金露梅等。在更干旱的羌塘高原南部、雅鲁藏布江源头和阿里地区南部的高山上，小蒿草草甸分布往往同冰雪融化密切相关，仅局部斑块状分布于海拔5000~5600m的阴坡。常见伴生种有矮生蒿草、高山早熟禾、羊茅、黑褐苔草、纤细火绒草、沙生风毛菊、碎米蕨叶马先蒿、绵穗马先蒿、垫状点地梅及小叶金露梅等。矮生蒿草为典型的冷中生植物，以它为建群种的高寒草甸主要分布在拉萨河以东、念青唐古拉山以南的山地阳坡，青藏公路以东的唐古拉山南坡，青海省东南部、甘肃省南部、川西等地的山地阳坡、浑圆低山和排水良好的滩地，北部昆仑山、祁连山的阳坡、阴坡。土壤为高山草甸土。草皮层较小蒿草草甸显著较弱，土壤较疏松。矮生蒿草高为5~8cm，生长比较茂密，覆盖度为40%~90%，群落结构简单，仅草本层一层，外貌整齐呈黄绿色。常见的伴生种有线叶蒿草、喜马拉雅蒿草、异针茅和杂类草，如圆穗蓼、珠芽蓼、高山唐松草、矮火绒草、雪白委陵菜、二裂委陵菜、高山银莲花、毛茛、鳞叶龙胆等。在山地下部气候相对温暖，除矮生蒿草外，珠芽蓼大量增加成为次优势种。珠芽蓼一般高10cm左右，形成高草层，盖度为20%~30%，伴生植物主要有双叉细柄茅、垂穗披碱草、扁蕾、高山唐松草、雪白委陵菜、华马先蒿、线叶蒿草、麻花艽等。由于海拔较低，气候较温暖，金露梅散生其中。在海拔较高的山地上部，气候相对寒冷，土壤湿度增加，矮生蒿草的数量减少，圆穗蓼大量增加，两者构成共优势种。而在较干旱的山地阳坡，小蒿草大量侵入，构成次优势种，伴生种同前述相似。这类草甸在河北省小五台山山顶也有小片分布，群落中有银莲花、黄芪和岩黄芪，与金露梅灌丛同分布于森林线上部。这类草甸经济利用价值较高，草质柔软、营养丰富，特别是珠芽蓼和圆穗蓼的种子，富含淀粉和蛋白质，为牲畜抓膘的草类，故本类草甸是良好的放牧场。

线叶蒿草草甸对温度和湿度的要求较高，因而随着纬度和山地地形所引起的水热分异，它的分布显著不同。在巴颜喀拉山和念青唐古拉山之间的广大地区，主要分布于海拔4300～4500m的山地阴坡。该地区由于喜马拉雅山和念青唐古拉山的屏障作用，西南季风到此已经减弱，降水相对较少，阳坡日照强烈，蒸发量大，土壤干燥，而山地阴坡土壤水分较为适中。阿尼玛卿山地区纬度已经偏北，气温较南部有所降低，但该地区位于青南高原的东部，受东南季风影响较大，年降水量增加，在土壤水分得以满足的条件下，热量便成了影响其生长发育的主要因素，所以它从阴坡逐渐转向温度相对较高的半阴半阳坡，向北抵祁连山山地，纬度更北，温度较低。所以它只分布到海拔较低的滩地和山地阳坡。而处于大陆性强、干旱荒漠气候的新疆维吾尔自治区境内，线叶蒿草草甸仅分布到天山南、北坡和巴尔鲁克山的水分状况较好的河旁缓坡和阶地。土壤为高山草甸土。组成线叶蒿草草甸的植物种类较多。草丛生长茂密，群落总覆盖度达75%～95%。在青海省境内，线叶蒿草一般成单优势种，株高为15～30cm，结构简单，层次分化不明显，分盖度为60%～70%。伴生种较多，其中主要的有喜马拉雅蒿草、矮生蒿草、小蒿草、紫羊茅、早熟禾、珠芽蓼、小大黄、多种风毛菊、香青、火绒草、高山龙胆、高山唐松草、紫花茇茇草、双叉细柄茅、致细柄茅等。这些常见的伴生种，一般稀疏而均匀分布。群落外貌整齐，黄绿色，不华丽。在新疆维吾尔自治区，该类型广泛分布于天山北坡2750～3100m和南坡3000m以上的高山带。群落总覆盖度为60%～95%，线叶蒿草一般高为10～15cm，分盖度为45%～85%。伴生种有珠芽蓼、耐寒委陵菜、矮火绒草、唐松草、高山龙胆和高山紫菀等多种植物。而在比较潮湿的地段，黑穗薹草和黑褐苔草等大量侵入，同线叶蒿草构成多优势种群落，伴生种多为杂类草，除以上种类外，还有高山风毛菊、雪莲花、禾叶蝇子草、高山三毛草、蒙古细柄茅等。线叶蒿草草甸在青海省分布面积较小，但在天山等地分布比较广泛。线叶蒿草植株较高，草质柔软，营养丰富，是一种优良牧草，各种牲畜均喜采食。草丛茂密，产草量高，可达800~900kg/hm²，同时多分布在山地中下部与河谷阶地和滩地，气温较高，是很好的秋冬放牧场，局部地段还可作为割草场。

二、苔草高寒草甸

以根茎苔草为建群层片的苔草高寒草甸主要分布在青藏高原北部祁连山和天山高山比较湿润的冰碛丘陵和流石坡下部的平缓台地、"U"形谷等地，在阿尔泰山的高山地带也有分布。土壤为高寒草甸土，但同蒿草草甸相比较，没有紧实的草皮层，土层一般较薄且疏松，并多有裸露的砾石。苔草地下根茎发达，在湿润疏松的土壤中容易生长发育，从它所处的地形部位来看，有可能是蒿草草甸与杂类草草甸之间的一个过渡类型，群落结构简单，层次分化不明显，仅在局部地段有苔藓地衣出现。种类组成比较多，一般多为高山草甸和亚高山草甸。主要有下列2个类型。

粗喙苔草草甸主要分布在祁连山东段的石羊河上游海拔3600~3800m的阳坡古冰碛物和顶部，地势平缓，坡度5°~20°，地表因冻裂作用使石块裸露，并出现泥流阶地。土壤为高山草甸土，土层薄，湿润，有机物分解弱，无石灰反应，呈微酸性至中性。群落结构简单，草层分化不明显，以粗喙苔草为建群种，株高为4~6cm，生长稀疏，覆盖度为15%左右；伴生植物多为中生或湿中生种类，除藏蒿草之外，多为杂类草，盖度达20%~30%，其中主要有小大黄、圆穗蓼、珠芽蓼、无尾果、黑心虎耳草、山地虎耳草、青藏虎耳草、丽江风毛菊、高山龙胆、镰萼假龙胆、淡黄香青、矮金莲花、五脉绿绒蒿、紫堇、川甘蒲公英、松潘黄芪、宽苞棘豆、黑蕊无心菜等，而密丛禾草发育不良，盖度很小，仅有3%~10%，主要种类有早熟禾、发草和羊茅。在海拔较低的局部地段，群落中还有零星散生的毛枝山居柳，高只有10~15cm，生长发育不良。

以黑穗薹草等多种苔草为主的苔草草甸主要分布于祁连山和天山海拔3000m以上的阴湿山坡、"U"形谷和浑圆的山顶。土壤为深厚的高山草甸土。群落由根茎苔草层片形成建群层片，主要由黑穗薹草、黑花苔草等多种苔草组成，高为 3~5cm，形成群落的上层，分盖度为 40% 左右。伴生种较多，以高山植物为主。其中主要有线叶蒿草、高山唐松草、珠芽蓼、东北点地梅、高山龙胆、千叶菁、垂花棘豆、高升马先蒿和高山紫菀等。第二层为苔藓层片，以桧叶金发藓为主，另有几种地衣。草丛低矮，外貌黄绿色。苔草及其他可食杂类草为各类牲畜采食，这类草甸是一种较好的放牧场。

三、丛生禾草高寒草甸

丛生禾草高寒草甸是以中生多年生丛生禾草为建群层片的高寒草甸类型，常见的是黄花茅草甸，主要分布在新疆维吾尔自治区北部阿尔泰山林线以上的亚高山带。常占据平缓的山坡和分水岭，土壤为高山草甸土，土体较为潮湿，建群种主要为疏丛型的短根茎禾草黄花茅，次优势种为丛生禾草阿尔泰早熟禾和紫羊茅。群落盖度达 60%~95%，草层高度为 20~30cm，种类组成较少，一般只有 10~20 种，常见的多为高山、亚高山杂类草，如耐寒委陵菜、卷耳、美丽蚤缀、斗蓬草、繁缕、火绒草、香青、石竹、珠芽蓼、兴安蓼、龙胆、北方拉拉藤、千叶菁等。群落中有时苔藓较发育，其中以桧叶金发藓为主。

四、杂类草高寒草甸

杂类草高寒草甸是以杂类草为建群层片的高寒草甸类型，主要分布在青藏高原及其周围山地的流石坡下部冰碛夷平面与高寒嵩草草甸之间的过渡地带，地形一般比较平缓，气候严寒多风，冬季多被大雪覆盖，夏季排水不易或经常被冰雪融水浸润，土壤潮湿，为高山草甸土，土层较薄、疏松，无草皮层，具有裸露的砾石。以莲座状、半莲座状的轴根型植物为主，群落外貌华丽，植物生长低矮，分布稀疏，盖度相对较小。主要类型有西伯利亚斗蓬草草甸、斗蓬草草甸、珠芽蓼草甸、圆穗蓼草甸、虎耳草草甸和高山龙胆草甸。

西伯利亚斗蓬草和绿花斗蓬草草甸，该类型主要分布于天山西段北坡森林上限附近的亚高山带和高山带，海拔 2500~3000m，多呈块状出现。其下发育着深厚的细土质亚高山草甸土和高山草甸土。群落的种类组成相当丰富，多达40多种。杂类草层片为群落的建群层片，建群种为西伯利亚斗蓬草和绿花斗蓬草，它们常和草原老鹳草、阿尔泰金莲花、珠芽蓼、三毛草、白车轴草、短筒紫苞鸢尾、高山糙苏、黑穗薹草、黑花苔草、黄花茅、紫羊茅等次优势种组成不同群落。总盖度为85%~95%，草层高为15~30cm，略有层次分化，夏相华丽。常见的伴生植物有准噶尔看麦娘、疏序早熟禾、草地早熟禾、高山蓼、唐松草、斜升秦艽、飞蓬、高升马先蒿、阿拉套乌头、高山地榆、白花老鹳草、北方拉拉藤、牛至等。本草甸主要用于各类家畜的夏季放牧场，鲜草产量约5000kg/hm²。

　　珠芽蓼草甸是青藏高原东部分布较为普遍的类型之一，但面积较小，一般仅呈小块状分布在山麓地带。这些地段一般海拔较低，气候比较温暖，土层较厚。所以组成种类也较多，草群生长茂密，一般以珠芽蓼为主，总覆盖度达80%左右；伴生种主要有矮生蒿草、小蒿草、线叶蒿草、羊茅、垂穗披碱草、异针茅、黑褐苔草、鹅绒委陵菜、美丽风毛菊、麻花艽、高山唐松草等。在局部湿润地段有小灌木金露梅散生其中。在祁连山3900~4100m和天山3000m以上的沟谷、洪积扇以及山地上部，由于海拔较高，气候相对寒冷，伴生植物除常见的草甸种类以外，还有高山植物，其中主要有高山蓼、腺毛蕨斗菜、高山龙胆、高山紫菀、大花虎耳草等。以珠芽蓼为主的杂类草草甸在华北、西北、西南高山均有小片分布，组成的种类多不相同，属于不同的群落。该类型中的主要植物珠芽蓼，草质柔软，营养丰富，特别是秋季果实成熟期，富含蛋白质，是各类牲畜催肥抓膘的饲料，在青藏高原是一类经济价值很高的天然牧场。但在天山、祁连山等地，因海拔较高经济利用价值较小。

　　圆穗蓼草甸主要分布在青藏高原东部及北部祁连山东段海拔3400~4000m比较平坦的山地阳坡和半阳坡，以及浑圆山顶。土壤为典型的高山草甸土，土层较薄，地表往往有石块裸露。此外在川西北、滇西北也较广泛出现。群落总覆盖度为60%~80%，层次分化不明显，植株高度一般为10~15cm。圆穗蓼起建群作用，但随海拔和坡向不同而有所变化：在3500m以下的山地阳坡，它占的比例较大，盖度达30%~40%；而在3800m以上，由于生境条件变得比较严酷，随着群落总盖度的下降，它在群落中的比例也逐步减小，盖度仅15%~20%，同时在种类组成上也有较明显的差异，垫状植物有所增加。群落组成种类较多，其中次优势种有银叶火绒草、聚叶虎耳草、红柄雪莲，在局部排水不良的地段有藏嵩草。

伴生种主要有柔软紫菀、珠芽蓼、淡黄香青、高山龙胆、黑心虎耳草、山地虎耳草、甘青虎耳草、盘花垂头菊、矮垂头菊、毛颏马先蒿、绵穗马先蒿、无尾果、西北萹缀、甘肃棘豆、紫堇、喜山葶苈、矮金莲花、无瓣女娄菜、发草、松潘黄芪等。圆穗蓼草质柔软，营养丰富，是一种优良牧草，特别是秋季果实成熟之际，营养更佳，是各类牲畜喜食的牧草。但由于地势高寒，生长期短，产草量较低，这类草甸最好作为夏季牧场予以充分利用。

第四节　盐生草甸生态系统

盐生草甸草地生态系统土壤表现出不同程度的盐渍化，由具有适盐、耐盐或抗盐特性的多年生盐性植物为主所组成的一类草甸草原。总的来看，盐生草甸为温带干旱、半干旱地区所特有，广泛分布于草原地区和荒漠地区的盐渍低地、宽谷、湖盆边缘和河滩。此外，在落叶阔叶林区的盐化低地和海滨也有一些分布。盐生草地的分布没有地带性规律。由于生境条件严酷，种类组成比较贫乏，很多种类具有适应盐化土壤的生态生物学性状。有些种类根系很深（如大叶白麻、甘草、芨芨草等），以躲避含盐量很高的表层土壤；有的叶片肉质化（如西伯利亚蓼、盐爪爪等）；有的通过盐腺泌盐以避免过剩金属离子的危害（如补血草、柽柳等）。就建群种的生活型来看，可分为丛生禾草盐生草甸、根茎禾草盐生草甸和杂类草盐生草甸等。[①]

一、丛生禾草盐生草甸

丛生禾草盐生草甸常见的有芨芨草草甸、星星草草甸、碱茅草甸、朝鲜碱茅草甸、野大麦草甸、散穗早熟禾草甸等。

芨芨草草甸广泛分布于内蒙古自治区、陕北、宁夏回族自治区、青海省、甘肃省和新疆维吾尔自治区等省、自治区西部，往西的荒漠草原区和荒漠区内分布面积较大。常占据河流三角洲、河漫滩、河流阶地、低洼河谷和湖泊四周。地下水位一般为1~3m，淡水或弱矿化度水。土壤较湿润，为沙壤质。在河流阶地上有生草冲积性草甸土，普遍见到的是

①孙鸿烈. 中国生态系统：上册[M]. 北京：科学出版社，2005.

盐化草甸土和草甸盐土，很少有典型盐土。群落主要建群种芨芨草为盐生旱中生丛生禾草，在群落中常形成巨大的密丛，冠幅直径一般为50~70cm，大者达130~140cm；草丛高一般为100~150cm，高者可达200cm（生殖枝）。群落植物种类单纯，常见的仅有10多种，总覆盖度为40%~60%。常因地下水位深浅和盐渍化程度不同，形成各种不同群落。芨芨草草甸广泛地用于天然放牧场，主要是大牲畜的冬季牧场，春秋也常利用，部分地区也放牧羊群，是平原草场中利用价值较高的类型。特别是在寒冷季节和干旱时期，牧草缺乏，但芨芨草有残存，且植株又高大，可以避免寒风大雪侵袭，这时饲用意义更大。

星星草草甸主要分布在草原区东部，包括松嫩平原、西辽河平原、锡林郭勒高平原和呼伦贝尔高平原。碱茅草甸主要分布于草原区西部的鄂尔多斯高原、陕北和甘肃省等地。它们常占据河滩或丘陵间谷地和沙丘间的低湿地，形成小片群落。所在地地下水位较高，雨季常有临时性积水，土壤有轻度的盐渍化。星星草和碱茅皆为盐中生的多年生丛生禾草，构成群落建群种。草群高为25~50cm，覆盖度高时可达80%。群落中常伴生有赖草、芦苇、蒲公英、车前、角果碱蓬、地肤和西伯利亚蓼等。此外在星星草草甸中还伴生有羊草、朝鲜碱茅、散穗早熟禾、草地早熟禾、驴蹄草、多种喜湿莎草科的苔草属和针蔺属植物等。本类草甸是较好的放牧场，星星草还有改良土壤碱斑之效。

野大麦草甸主要分布于我国东北呼伦贝尔高平原、松嫩平原、西辽河平原、内蒙古自治区锡林郭勒高原、毛乌素沙地以及青海省、宁夏回族自治区等地；散穗早熟禾草甸仅见于内蒙古自治区东部。它们所处生境相近，常占据盐渍化的低湿地和河滩阶地，面积较小，为盐化草甸土。群落建群种野大麦为根茎疏丛禾草，株高为40~80cm；散穗早熟禾也为根茎疏丛禾草，叶层高为55cm。两种草甸的种类组成比较简单，常混生有数量较多的羊草和星星草，并伴生有鹅绒委陵菜、草地风毛菊、碱菀、马蔺等杂类草。这类草甸是较好的放牧场，也可用于割草场。野大麦还是一种有引种栽培前途的野生牧草。

二、根茎禾草盐生草甸

根茎禾草盐生草甸常见的有赖草草甸、三角草草甸、獐茅草甸、小獐茅草甸、芦苇草甸等。

赖草是耐盐的中生多年生根茎禾草，生态幅较大，分布较广。由它为建群种组成的盐生草甸，普遍见于我国北方和青藏高原的干旱区和半干旱区，但面积不大。常占据沿河阶地、河漫滩和湖滨地带，地下水位深为1～3m，土壤为沙壤质或壤质的盐化草甸土。其群落特点各地有所不同，在新疆维吾尔自治区，赖草草甸分布于阿尔泰山山前丘陵间谷地、乌伦古河中游河谷阶地、额敏河一级阶地、巴里坤湖以及开都河三角洲的局部地段。群落总盖度为50%～90%。种类组成比较丰富，有20多种。建群种赖草叶层高为40～50cm，生殖茎可高达90cm，构成草群的上层。伴生植物有蒲公英、连座蓟、马先蒿、鹅绒委陵菜、白车轴草和早熟禾等，其高度为20～30cm，构成草群的下层。在盐渍化加强的地段，赖草可与芨芨草共同组成群落，并混生有花花柴、碱蓬、西伯利亚白刺等喜盐植物。在西藏高原，赖草草甸多见于西藏自治区南部、羌塘高原中南部和阿里地区中、轻度盐渍化的河漫滩和湖滨。但草群发育稀疏，覆盖度为25%～45%。赖草单独建群或与脚苔草共同组成群落。常见的伴生植物有碱茅、早熟禾、鹅绒委陵菜、青藏野青茅、芦苇、羽柱针茅、狭叶蓼等。赖草草甸是优良的放牧场和割草场。在我国北方地区，产草量最高时，鲜草产量可达5000kg/hm²。而且赖草的品质优良，适口性佳，富含营养，粗蛋白质和粗脂肪含量分别为18.5%和5.2%，是很有引种栽培前途的一种野生牧草。

三角草草甸主要分布在西藏高原雅鲁藏布江上游、西藏自治区南部湖盆和羌塘高原南部地区，零星见于公珠湖、玛法木错湖北缘地带。常占据海拔4700m以下水分条件较好的河滩、湖滨和宽谷的覆沙地，地势稍有起伏，细沙土质。群落盖度为40%～70%，建群种三角草为西藏自治区特有植物，株高为40～70cm，为旱中生的多年生疏丛禾草，并具短根茎，在群落中占绝对优势，分盖度为33%～55%。草群可分高草、低草两亚层。在较干的覆沙地上，伴生种多为草原常见种类，如固沙草、矮生二裂委陵菜、千叶棘豆、脚苔草、紫花针茅和羽柱针茅等。在受地下水影响的潮湿沙质土壤上，常见伴生种为赖草、青藏野青茅和鹅绒委陵菜等草甸植物。

獐茅和小獐茅都是根茎型多年生盐中生低禾草。由它们为主组成的草甸群落，普遍分布于我国北部和西北部各省、自治区。其生境具有地势低平、地下水位较高和盐渍化较强等特点。獐茅草甸普遍分布于辽宁省、河北省、山东省、江苏省等沿海地区的中度盐渍土上，也零星分布于华北内陆的盐土区域。土壤含盐量为1%～3%，质地较黏重，地下水位为1～2m。建群种獐茅耐盐性强，在北方沿海常成大面积分布，群落覆盖度达70%，外貌比较整齐。常见伴生种有羊草、二色补血草、猪毛蒿、茵陈蒿、盐地碱蓬、灰绿碱蓬和芦苇等。小獐茅草甸主要分布在西北荒漠地区的盐渍化湖盆低地和冲积-洪积扇扇缘洼地，如新疆维吾尔自治区的吐鲁番盆地、哈密盆地、焉耆盆地、拜城盆地、玛纳斯地区、喀什市和艾比湖流域平原，都有较多分布，在东北松嫩平原盐碱化区域也有分布。所在地土壤为壤质或沙壤质草甸盐土，地下水位深为0.5～2m。草群比较低矮，高为10～25cm，群落覆盖度为20%～40%。伴生植物因生境而有所不同：在地下水位深0.5m左右，土壤较湿润，盐渍化较轻地段，盐生车前、蒲公英、醉马豆比较常见；在地下水位深1.5～2m且稍干燥的区域，则常伴生有狗牙根、蔺状隐花草和矮生型芦苇；随着盐渍化的加强，群落中出现一些刚毛柽柳、盐节木、盐爪爪等典型盐生植物。这类草甸主要用于放牧场。

三、杂类草盐生草甸

杂类草盐生草甸主要有马蔺草甸、苦豆子草甸、罗布麻草甸、大叶白麻草甸、胀果甘草草甸、疏叶骆驼刺草甸、花花柴草甸、鹅绒委陵菜草甸、西伯利亚蓼草甸、狭叶蓼草甸等。

马蔺草甸常散见于我国北方各省、自治区，在腾格里沙漠和甘肃省祁连山区及青海省东部地区有较大面积分布；在内蒙古草原和东北松嫩平原盐碱化地区也可见较大面积的次生马蔺草甸；在西藏自治区也有分布，一般称为"马蔺滩"，常占据河滩阶地、湖盆外缘和村屯附近的低湿平地。土壤湿润，有轻度和中度盐渍化。草群高为30～50cm，覆盖度为40%～90%。建群种马蔺为多年生丛生草本植物，且具粗壮的短根茎。在内蒙古自治区典型草原区东部及东北松嫩平原，马蔺常与羊草及多种杂类草等亚建群种组成马蔺+羊草+杂类草草甸群落，其种类组成比较丰富，常见伴生种有杂类草裂叶蒿、地榆、蓬子菜、大花旋覆花、斜茎黄芪、鹅绒委陵菜、草地风毛菊等，还有中生禾草无芒雀麦、光稃茅香、假苇拂子茅、拂子茅等。在内蒙古自治区典型草原和荒漠草原地带的低湿盐碱化区域，马蔺常与星星草、野黑麦、散穗早熟禾和芨芨草等盐生禾草组成马蔺+盐生禾草草甸群落。在盐渍化较强的区域，马蔺与碱蓬、碱蒿、碱地肤、华蒲公英、西伯利亚滨藜等盐生杂类草组成马蔺+盐生杂类草草甸群落。在腾格里沙漠头道湖等盐渍化湖盆区，以及祁连山亚高山带海拔为2600~3500m的低湿平坦谷地、河漫滩或湖滨，马蔺多呈大片纯群落，有时伴生一些杂类草。马蔺草甸为一般放牧场，草质中等偏下。但马蔺富含纤维，可以编织用具、捆扎物品，又可造纸、制刷；根、果、花入药，种子可榨油食用。

苦豆子草甸是主要分布于荒漠区干暖生境的植被，常呈小片散见于新疆维吾尔自治区和甘肃省河西走廊西部等荒漠区大河流河漫滩、阶地、湖滨、田边、渠旁或沙丘上，分布地区较广，但占地面积不大。在内蒙古自治区、宁夏回族自治区黄河边也很常见。所在地地下水位一般较高，土壤为草甸土，疏松沙壤质，有时轻微盐渍化而具薄层盐结皮。苦豆子草甸草层高为40~60cm，覆盖度为50%~70%，夏相灰绿色，常为单优势群落。在沙质土区，疏叶骆驼刺可成为亚建群种。在轻盐渍化土壤上，又可与小獐茅共同构成群落。组成种类一般不复杂，伴生种有甘草、芦苇、赖草、芨芨草、胀果甘草、骆驼蒿以及花花柴、柽柳、泡泡刺等。苦豆子草甸的放牧利用价值较低，但苦豆子含有生物碱，可药用，又是较好的绿肥植物，也有护渠和固沙的作用。

罗布麻和大叶白麻均是夹竹桃科多年生半木质化草本植物，有较强的抗盐性。但它们组成的群落在地理分布和群落特征上有明显区别。罗布麻草甸大面积地分布在华北落叶阔叶林区沿海各地，所在地为轻度盐渍土，含盐量一般在1%以下。在内陆地区零散分布于河渠两岸及低湿地的潮湿盐土上，在西北荒漠区也有较多分布，在东北的松嫩平原也可见到。在华北地区罗布麻生长良好，株高为50~120cm，每平方米有6~10株，多时可达20~45株。群落的伴生种以耐盐、抗盐的植物为主，如二色补血草、蒺藜、芦苇、茵陈蒿和多肉猪毛菜等。大叶白麻草甸主要分布于新疆维吾尔自治区南疆、甘肃省河西西部和青海省柴达木盆地的草甸盐土或结皮盐土上，土壤沙壤质，地下水位深1.5~4m。建群种大叶白麻株高为1~1.5m，成纯群，或与亚建群种胀果甘草、芦苇、小獐茅等分别形成群落。罗布麻和大叶白麻是重要的野生纤维植物，其茎皮为混纺呢料、丝绸的高级纤维原料，经济价值颇高。

胀果甘草草甸主要分布于新疆维吾尔自治区南疆各大河流的河谷平原和冲积扇下部，在吐鲁番盆地和焉耆盆地也有分布。疏叶骆驼刺草甸主要分布于新疆维吾尔自治区南疆、东疆和甘肃省河西走廊西部地区，常占据冲积−洪积扇扇缘地带的盐化草甸土、草甸盐土或低矮的沙丘和沙地上沙性较强的土壤。花花柴草甸主要分布于新疆维吾尔自治区吐鲁番盆地、天山南麓和甘肃省河西西部地区。常占据洪积扇扇缘和山前冲积平原的盐化沙地及沙质草甸盐土上。花花柴为盐中生菊科杂类草，具有肥厚肉质化叶，耐盐性强，常与疏叶骆驼刺、芦苇、小獐茅等分别组成群落。

在我国北方沿海和内陆盐渍土地区，还分布着一些由一年生草本植物组成的盐生草甸群落。所在地地势低凹，土壤潮湿，含盐量较高，地下水位接近地表或仅数十厘米。植物种类组成极其贫乏，由一些盐生植物组成。优势植物主要为隐花草、碱蓬、角碱蓬、盐地碱蓬、辽宁碱蓬、盐角草等，以它们为建群种组成不同的一年生盐生草甸，一般呈单优势种群落。常见伴生植物有碱蒿、碱地肤、西伯利亚蓼、西伯利亚滨藜、补血草、星星草、朝鲜碱茅、碱茅、芦苇、獐茅、虎尾草、羊草、长芒稗等。

四、莎草类盐生草甸

在我国，莎草类盐生草甸主要是以绢毛飘拂草和肾叶打碗花为建群种的草甸。这类草甸分布于亚热带的海滨地带，北起苏北向南延伸至浙江省南部，可向北分布到山东省、河北省等暖温带海滨地带，但群落的植物种类组成较亚热带少。分布地的生境为流动性或半流动性的沙滩，基质为沙质的海岸冲积物，受海水影响而含有一定的盐分。按照流沙的固定程度和距海水的远近，常常出现植被的不同生态系列分布。本类草甸有它一定的种类成分。主要种类有绢毛飘拂草、砂钻苔草、肾叶打碗花、假俭草、沙苦荬菜、珊瑚菜、大穗结缕草、蔓荆、春白菊、海边香豌豆、砂引草、豆茶决明、铁扫帚等，大都具长匍匐茎或根茎，有一定固沙作用。在沙滩的外缘，草丛较稀疏，高为15cm左右，盖度为30%左右，以砂钻苔草、绢毛飘拂草、肾叶打碗花为多。渐向内侧，种类增多，盖度增大，而沙苦荬菜、珊瑚菜、大穗结缕草等相继出现。随着流沙的固定，假俭草等增多，绢毛飘拂草、赖草、干鸢尾分别在不同地段占优势。再向内侧，沙地完全固定，则此类沙生草甸为芒草草丛所代替，显示沙地已改良，可用于农垦或造林。

第五节　沙地草地生态系统

在我国温带和暖温带地区的草原地带，由沙性母质所构成的沙地分布相当普遍，面积仅次于各类壤质类型的土地，居第二位，在土地资源中占有特殊重要的位置。其中，沙地集中分布的区域和较著名的大片沙地有呼伦贝尔高原海拉尔河流域的沙地、辽河平原的科尔沁沙地、锡林郭勒高原的小腾格里沙地、鄂尔多斯高原的毛乌素沙地、黄河河套大湾右岸的库布齐沙带等。各地还有一些零星分布的小片沙地。内蒙古自治区阴山山脉北麓、大兴安岭的西麓还断续存在着一条伏沙带，它已被地带性草原植被的沙生变体覆盖，因而在景观上并不像前者那样明显。在西北和青藏高原的一些河谷及湖盆边缘有许多小面积的覆沙地段，如雅鲁藏布江中游河谷。这些沙地草地类型主要分布在典型草原和草甸草原地带内，常与两者形成生态复合体。[①]

草原地带的沙地不同于荒漠地区的沙漠，是一个独特的土地类型，也是植物的一个特殊生活环境，因而构成一种独特的自然景观。沙地生境主要有如下一些特征：第一，与地带性的土地条件相比较，沙质土地的稳定性很差，植被一旦遭到破坏，很容易形成次生沙漠化；第二，热力效应显著，白天在阳光照射下沙面极易增温，夏季正午沙面温度可上升到40℃~50℃，夜晚降温则很迅速，甚至在植物生长季节，有时还会出现负值；第三，肥力不高，营养贫瘠，一般土壤有机质含量不超过1%；第四，从气候区域看，降水较少，多不超过300mm，但是与其他生境的土壤相比，植物对水分利用效率较高。

植物对沙生环境的适应，在形态和生理上表现出耐沙暴沙埋、耐干旱、耐高温、耐瘠薄等特点，常被称为沙生植物。典型的沙生植物具有迅速扩展的发达的根茎系统和易生不定芽、不定根的茎节器官；或者具有强大的根系，能够深入沙层内部，不仅扩大了吸收水分和营养物质的表面积，而且有利于支持植物体的地上部分抵抗风力吹蚀危害。为了避免砂粒滚动位移时的机械磨损，许多禾本科沙生植物的细根和根毛都具有特化的保护根套。为了适应沙地下垫面显著的温差变异，尤其是阳光

---

①李文华. 中国当代生态学研究：生态系统恢复卷[M]. 北京：科学出版社，2013.

的强烈反射和灼热砂粒的伤害，不少沙地植物基部都包裹着一层很厚的纤维鞘，如沙竹，或者茎部强度木质化，如各种沙蒿，或者全株密被白色绵毛、短绒毛，如白山蓟等。

沙地草地生态系统处于干旱、半干旱气候控制下，其本质属于物理性干旱的生态环境，因此在固定沙地上形成的植物群落一般都属于旱生性的，群落组成的优势种都具有适应干旱的形态特征和生理功能。但是与地带性的壤质土相比较，沙土又具有蒸发弱、透水性强、地下径流循环条件好、水化学性能良好、土体中可给态水分较多等特点。这不仅为沙生植物的生长提供了优越的条件，而且也为演替进程中最终形成超地带性的乔、灌木植被提供了有利的生态条件，形成沙地森林、沙地灌丛和沙地草地等不同的植被类型。沙地按沙丘固定的程度分为固定沙地、半固定沙地和流动沙地3类，并分别由不同的植被所覆盖（表3-2）。其中，沙地草地生态系统按其特点可分为固定沙地草原群落、半固定沙地蒿类群落和流动沙地植物群聚3大类型。

表3-2　地带性植被与沙地植被对应比较

自然地带	地带性植被	沙地植被
半湿润草甸草原黑钙土地带	贝加尔针茅草原、线叶菊草原、羊茅草原、羊草草原	固定沙地： 森林——樟子松、油松、云杉林、桦杂木林、白桦、山杨林 灌丛——山荆子、稠李、山刺玫杂木灌丛 草地——线叶菊、羊茅、早熟禾、冰草草原 半固定沙地：差巴嘎蒿半灌木群落 流动沙地：沙米、沙芥、虫实先锋植物群聚
半干旱典型草原栗钙土地带	大针茅草原、克氏针茅草原	固定沙地：榆树疏林，小叶锦鸡儿灌丛，沙地柏、柳叶鼠李灌丛，冰草草原、糖隐子草草原 半固定沙地：油蒿半灌木群落、内蒙古自治区沙蒿半灌木群落 流动沙地：沙米、沙芥、虫实、沙竹先锋植物群聚
干旱荒漠化草原棕钙土地带	戈壁针茅草原、沙生针茅草原、短花管茅草原	固定沙地：中间锦鸡儿灌丛、藏锦鸡儿灌丛、沙生针茅草原 半固定沙地：油蒿半灌木群落、内蒙古自治区沙蒿半灌木群落 流动沙地：沙米、沙芥、虫实、沙竹、籽蒿先锋植物群聚

一、固定沙地草原群落

固定沙地草原群落是草原的一类沙土变型，一般由地带性草原建群种、常见种与沙生植物共同组成，主要有冰草草原、羊茅+沙生杂类草草原、线叶菊+沙生杂类草草原、大针茅+沙生杂类草草原、糙隐子草草原和丛生小禾草草原等。

冰草草原多见于我国温带草原区松辽平原南部沙地、海拉尔河南岸沙地和准噶尔盆地北部沙地等，也分布在新疆维吾尔自治区荒漠区山地的沙砾质草原带。冰草草原面积一般不大，植被不太稳定，应控制放牧，以免流沙再起。伴生植物主要有糙隐子草、克氏针茅、短花针茅、蒙古葱等。在新疆维吾尔自治区准噶尔北部沙丘间平地，沙生冰草可成为建群种，与驼绒藜、木地肤、木蓼、沙蒿、麻黄等组成群落。

羊茅+沙生杂类草草原广泛分布于欧亚大陆草原区东部的固定沙地上。除建群种羊茅外，起优势作用的有小半灌木冷蒿、变蒿及适沙的禾草冰草、糙隐子草和杂类草麻花头等。常见伴生植物有狭叶柴胡、防风、沙地委陵菜、展枝唐松草、阿尔泰狗娃花、叉分蓼、山竹岩黄芪、野苜蓿、窄叶蓝盆花等。

丛生小禾草草原多分布在内蒙古高原和松辽平原草原区的沙丘外围，是覆沙地段所特有的一类草原，以多种小禾草在草群中共占优势为特征。在呼伦贝尔高原，广泛分布于海拉尔河南岸覆沙阶地、覆沙高平原以及新巴尔虎左旗境内的覆沙地段。在松嫩平原，主要见于嫩江沿岸及西辽河平原的固定沙地，其分布范围一般限于典型草原地带。丛生小禾草草原最重要的建群植物有冰草、糙隐子草、潜草和早熟禾，有时还有羊茅、大针茅和克氏针茅。伴生种有沙蒿、冷蒿、麻花头、阿尔泰狗娃花、狭叶柴胡、野苜蓿、窄叶蓝盆花、草木樨黄芪等，这些杂类草花色鲜艳，使群落外貌十分华丽。该类型一般随覆沙厚薄及固定程度的不同，建群植物常常发生变化。在固定较差的沙地上，冰草的数量常增多，并逐渐过渡到冰草草原。在固定较久或覆沙较薄的地段，糙隐子草明显增多，并过渡到糙隐子草草原，甚至发展为大针茅+糙隐子草草原。

二、半固定沙地蒿类群落

蒿类群落是沙地植被中最有代表性的部分，是沙生先锋植物群聚之后发生的半郁闭的植物群落的组合。建群种主要是旱生半灌木菊科蒿属植物，其建群种的分化已表现出明显的区域性特征，并与生物气候条件的变化相适应。从半湿润、半干旱地带到干旱地带依次出现3个基本类型：差巴嘎蒿群落、油蒿群落和沙蒿群落。

差巴嘎蒿群落主要分布在西辽河流域科尔沁沙地和海拉尔河中、上游松林沙地，向北延伸可进入蒙古北部和外贝加尔南部，是森林草原和典型草原过渡地带沙地上的一个特有类型。建群种差巴嘎蒿最适于生长在水分条件较好的半固定沙地上，随着沙土固定程度的提高，生长势明显下降，它喜湿、耐盐、耐沙埋，风蚀对其生长则有明显的不良影响。差巴嘎蒿为多分枝的半灌木，株高平均为50~60cm，最高可达1m左右，丛径平均为0.8~1.0m，最大可达1.5m，根系十分发达，主根可深入沙层1m以下，侧根分层性不明显，均匀散布在表层，形成根网，具有显著的防风固沙作用。其群落类型既有和先锋阶段保持联系者，也有与更高级的灌木阶段相关联者，呈现从先锋阶段到稳定阶段的演替系列。常见伴生植物有沙米、虫实、沙芥、叉分蓼、山竹岩黄芪等沙地先锋植物，羊草、冰草、溚草等草原优势禾草，窄叶蓝盆花、蒙古蓝盆花、野苜蓿等杂类草，以及百里香、兴安胡枝子、东北木蓼、华北驼绒藜、麻黄、小叶锦鸡儿等小半灌木、小灌木和灌木。

油蒿群落的分布中心在鄂尔多斯高原毛乌素沙地，其分布范围北面大致以阴山为界，南面基本上与毛乌素沙地的边界吻合，东面以黄河为界，向西可深入到腾格里沙漠的西部边缘。油蒿是一种多分枝的半灌木植物，在不同的生境下它的体态和高度表现出明显的变化。油蒿的自然寿命平均为10年，最久可达15~20年。三龄开始结实，五龄进入结实盛期。以种子更新为主，也能进行分株繁殖。成年植株的根系很发达，主根深可达3m以上，根幅为9m，侧根均匀密布在1.3m深的沙层内。油蒿是亚洲中部干旱、半干旱气候条件下在沙土基质环境中植物界生存斗争的优胜者，也是一个相当稳定的建群种。它的分布区跨越了典型草原、荒漠化草原、半荒漠3个自然地带。而在同一个自然地带内，它又可以生长在不同类型的沙土生境下，从半固定沙丘到固定沙丘，从草甸性沙地到覆沙梁坡地都能生长，所以常与各种不同生活型的植物形成多种多样的群落组合。如油蒿+羊草群落、油蒿+兴安胡枝子+本氏针茅群落、油蒿+沙竹群落、油蒿+甘草群落、油蒿+冷蒿群落、油蒿+山竹岩黄芪群落、油蒿+籽蒿群落、油蒿+假苇拂子茅群落、油蒿+芨芨草群落，以及与景观小灌木柠条锦鸡儿、藏锦鸡儿、麻黄、沙柳等组成群落。

内蒙古沙蒿群落主要分布在锡林郭勒高原栗钙土+地带沙地和小腾格里沙地，一般多出现在固定沙丘的迎风坡中下部和落沙坡脚，并和丘间平地上的榆树疏林、沙生草原等交替出现。按生境水分特点的不同，可分为半湿润型、半干旱型和干旱型等。半湿润型内蒙古沙蒿群落分布在内蒙古小腾格里沙地东部和乌珠穆沁盆地的固定沙地上，常见类型有内蒙古沙蒿+叉分蓼群落和内蒙古沙蒿+羊茅群落。前者分布在稳定性较低的沙丘顶部和落沙坡，是紧接流沙之后形成的蒿类群落，种较贫乏，并以沙生植物占优势，除2个建群种外，冰草在群落中起一定作用，后者是前者进一步发展的结果。羊茅取代叉分蓼成为共建种，种类组成更加丰富。常见种类有麻花头、阿尔泰狗娃花、桃叶鸦葱、兴安石竹、黄芩、防风、乳浆大戟等草甸草原上的常见成分。半干旱型内蒙古沙蒿群落分布于小腾格里沙地中部固定沙丘上，分布最广泛的是内蒙古沙蒿+冷蒿群落，伴生植物有木地肤、百里香、麻黄、木岩黄芪，而半湿润型中常见的中旱生杂类草基本消失，被更耐旱的猬菊、蓝刺头、繁缕、沙茴香等杂类草所替代。丛生禾草中，羊茅的作用下降，落草、沙生冰草等比例增加。干旱型内蒙古沙蒿群落分布于小腾格里沙地西部，代表类型是内蒙古沙蒿-沙竹群落，小叶锦鸡儿和窄叶锦鸡儿成为群落的景观小灌木，伴生植物有冷蒿、沙蓝刺头、细叶鸢尾、戈壁天冬、沙生针茅、白颖苔草等。

三、流动沙地植物群聚

通常把定居于裸露沙地上的第一批植物称为沙生先锋植物。它们是在沙土固定过程中通过自然筛选出的一组特殊的植物生态类群（先锋植物），虽然它们隶属于不同的科属系统，但却有一些共同的特点：高度适应沙粒在风力作用下滚滚流动引起沙埋和沙暴。它们的生长速度极快，雨后迅速生长新苗，短时间内即能完成生活周期。它们的根系强大，地上部分的高度和地下部分根系的长度相差悬殊，根长往往超过株高数倍到近10倍，对沙地的流沙具有初步的固定作用，而茂密的枝叶能减弱空气流动的速度，对沙丘的位移可起某种延阻作用，有助于后续植物的定居和沙丘的进一步稳定。由于受各地生态条件和植物区系历史因素的影响，各地沙区沙生先锋植物的种类十分丰富，生活型类型也多种多样。

一年、二年生沙生先锋植物主要有虫实属多种植物、猪毛菜属植物、沙芥属植物和沙米、猪毛蒿等；根茎型禾草沙生先锋植物有沙竹、白草、拂子茅、假苇拂子茅、芦苇等；根蘖型杂类草沙生先锋植物有沙地旋覆花、砂引草、狭叶白前、华北白前、砂珍棘豆、苦豆子、苦参等；小半灌木和半灌木沙生先锋植物有乌丹蒿、白沙蒿、山竹岩黄芪、细枝岩黄芪、木岩黄芪、蒙古岩黄芪；灌木型沙生先锋植物主要由杨柳科柳属、柽柳科柽柳属、水柏枝属、蓼科沙拐枣属和木蓼属植物构成，如生长在锡林郭勒小腾格里沙地流动和半流动沙丘上的小黄柳，生长在内蒙古自治区库布齐沙带和毛乌素沙地西部流动沙丘上的心叶水柏枝，以及多在湖盆边缘含盐沙堆上的柽柳属植物等。

第四章　草地退化评估

第一节　概　　述

一、草地生态系统评估

我国现在大部分草地都处于退化状态，同时仍有一些草地处于良好的正常状态。那么，草地在什么时候处于退化状态？什么时候保持在良好的正常状态？这就涉及对草地生态系统的评价，或者说是草地生态系统的质量评价或诊断。

从理论上看，草地生态系统的质量或质量指标的数值高，说明评价的目标草地处于正常或优良的状态；反之，草地就是处于非正常的退化状态。然而，迄今草地学家与生态学家们仍没有找到一个统一的草地评价方法。其原因主要有2个方面，一是制定适宜的草地质量评价指标体系十分困难。不同层次与因素之间的构架关系如何，评价的最少指标数量有多少，哪些指标是关键而必不可少的，每一个指标是按等级划分还是以数值界定，这些都会对评价指标体系产生影响。二是评价的技术问题。在确定了草地评价指标体系后，如果获得了具体的评价数值，就需要选择运算模型。对于复杂的评价指标体系，这种运算也比较复杂，甚至需要开发特殊的软件包，如美国的草地评价软件。目前，研究者们正在从各个角度探索草地质量的评价指标体系与技术问题。

这个草地生态系统质量评价指标体系包括草原环境、草原生物、草原灾害和草原经济效益4个方面，从生态系统的总体反映了草地的状态变化。由于评价指标体系中每一指标并不十分具体，实际评价时的可操作性不强。但是，这一草地质量评价指标体系的建立为之后的草地评价研究提供了研究模板。

对草地质量评价也可以依据研究问题或者生产实际需求，针对某一方面进行评价。例如，对草原土壤质量的评价可以选择土壤质量的相关因素，包括基础因素（土壤机械组成、有效土层厚度等）、养分容量因素（有机质等）、养分强度因素（土壤溶液中的养分浓度）和保肥因素（速率磷、速效钾）。再有，通过对草原植被的一些基本特征，诸如植物群落的盖度、高度，优良牧草比例，优势植物种以及群落生产力等变化，反映草地质量状态。这些草地质量评价方法的优点是通过定量或分级细化了各个指标，提高了实际应用的可操作性。缺点是涉及的评价指标很少有综合性的，在反映评价的目标草地质量方面不够全面。[①]

二、草地退化评估术语

草地地上生物量：指植被在某一时刻单位面积内植物种或群落地上部分的总重量（鲜重或干重）。它是牧草生长的数量化指标。

优良牧草比例：指草地植物优良牧草地上生物量占地上总生物量的比例。优良牧草所占比例的大小一定程度上反映出草地的质量高低。

毒害草比例：指草地毒害草地上生物量占地上总生物量的比例。

植被盖度：指植物群落总体地上部分的垂直投影面积与取样面积之比的百分数。它反映植被的茂密程度和植物进行光合作用面积的大小。

优势草群高度：指草层在自然状态下的高度。它能反映牧草的生长状况，对利用方式关系较大。测量时，保持草地植物自然状态，测量草层的平均高度。

植被枯落物：指死亡或衰老后脱落到地面的植物残体。枯落物是土壤有机质形成及土壤养分循环的主要原料，也是土壤动物和微生物的食物来源。

地下生物量：指单位面积内草地植物地下部分一定深度内有机物的干重。

土壤有机质：指存在于土壤中的所有含碳的有机物质，包括土壤中各种动、植物残体，微生物体及其分解合成的各种有机物质。土壤有机质含量是土壤肥力的重要指标。该指标在实验室测定。

---

①杨倩，孟广涛，谷丽萍，等．草地生态系统服务价值评估研究综述[J]．生态科学，2021，40(2)：210-217．

土壤容重：也称"土壤假比重"。指一定容积的土壤（包括土粒及粒间的孔隙）烘干后的重量与同容积水重的比值。

土壤全氮：土壤中的氮元素可分为有机氮和无机氮，两者之和称为全氮。该指标在实验室测定。

生草层厚度：生草层是由草本植物活体及残体所构织成的紧实的土壤有机质层。用皮尺测量生草层的厚度。

裸地面积比例：指单位面积内没有植物生长的裸露地面的比例。本文所指的是$100m^2$内裸地的比例。裸地是群落形成、发育和演替的最初条件和场所。

鼠洞密度：指一定面积内鼠洞的数量。

虫口密度：指每单位虫子的数量，一般为每平方米虫子的数量，也可以用每植株为计算单位。虫口密度常用于虫灾防治和统计工作。

放牧强度：指草地的利用程度，用载畜量来表示，即一定的草地面积，在一定的时间内，所承载放牧的头数和时间。

浅层蓄水能力：完好的天然草地不仅具有截留降水的功能，而且比空旷裸地有较高的渗透性和保水能力，对涵养水分有着重要的意义。假定在降雨充足的条件下，土壤有多少孔隙就有多少水分储存在里面。为此，可以用土壤孔隙度来估算草地蓄水能力，即草地蓄水能力=土壤厚度×面积×土壤孔隙度。

土壤碳储能力：指在一定大小的土地面积上某一土层深度中所储藏碳的多少。碳储能力主要是限定为单位草地面积（$1m^2$）某一土层深度（$0.25m$）中所储藏碳的总量，即土壤有机碳×容重×土层厚度。土壤有机质含量与土壤有机碳的转换系数为1.724。

植物种丰富度：指一个群落或生境中物种数目的多少。在统计种的数目的时候，需要说明多大的面积，以便比较。

侵蚀控制：草地生态系统对防止土壤风力侵蚀、减少地面径流防止水力侵蚀具有显著作用。侵蚀控制可以用土壤保持量来估算，而土壤保持量跟植被盖度和坡度有关。基于土壤侵蚀强度面蚀分级指标，可以用植被盖度和坡度来估算侵蚀控制。

草地过度放牧：指当草地的放牧压（或放牧密度，或放牧率）超过草地生产的临界限度时草地开始出现退化。

物种多样性：指地球上动物、植物、微生物等生物种类的丰富程度。

物种多样性包括2个方面，一是指一定区域内的物种丰富程度，可称为区域物种多样性；二是指生态学方面的物种分布的均匀程度，可称为生态多样性或群落物种多样性。物种多样性是衡量一定地区生物资源丰富程度的一个客观指标。

一年生植物比例：指一年生植物盖度占植物总盖度的百分比。一年生植物比例的多少能够反映植物群落的稳定性。一年生植物所占比例少，则群落稳定性好；反之，群落不稳定。

固定沙地比例：指固定沙地面积占工程区总土地面积的百分比。固定沙地比例越大，表明工程区植被恢复得越好。

裸沙地比例：指裸沙地面积占工程区总土地面积的百分比。裸沙地比例越小，表明工程区植被恢复得越好。

土壤风蚀模数：指每年每平方千米的土壤风蚀量，常用单位为$t/km^2 \cdot a$（t为吨，a为年）。土壤风蚀模数的大小直观地反映了土壤的风蚀程度。

景观破碎化：指由于自然或人文因素的干扰所导致的景观斑块类型由简单到复杂的过程，即景观由单一均质向复杂异质的过程。

土壤机械组成：土壤是由大小不同的土粒按不同的比例组合而成的，这些不同的粒级混合在一起表现出的土壤粗细状况，称土壤机械组成或土壤质地。

土壤结皮：指随着沙地的固定，土壤表层有机物质积累，低等植物生长所形成的一个薄层。土壤结皮程度是衡量地表风蚀与固定状态的重要指标。

第二节 退化草地植被的变化

一、方法与案例

（一）分类与排序法

植被数量分析是研究植被生态学的重要手段。这为客观、准确地揭示植被、植物群落及植物与环境之间的生态关系提供了合理、有效的途径，其中数量分类和排序在植物群落研究中是非常有用的技术。

分类是对所研究的群落按属性数据所反映的相似关系进行分组，使同组的群落尽量相似，不同组的群落尽量相异。通过分类可以反映一定的生态规律。常用的数量分类方法有关联分析法、信息分析法、多元聚合方法（如最近邻体法、形心法、组平均法等）、多元分析法、模糊ISO-DATA聚类方法、双指示种分析（Two-Way Indicator Species Analysis，TWINSPAN）方法等。其中，TWINSPAN是由指示种分析（Indicator Species Analysis）修改而成的。指示种分析仅给出样方分类，TWINSPAN同时完成样方和种类的分类，分类矩阵不但可以反映环境梯度，而且还明显地反映了群落和种类之间的关系，是20世纪80年代至今使用最多的方法。

排序是现代植被分析的重要手段。排序也叫作梯度分析（Gradient Anlysis），是将样方或植物种排列在一定的空间，使得排序轴能够反映一定的生态梯度，从而能够解释植被或植物种的分布与环境因子之间的关系。20世纪90年代以来，无偏对应分析（Detrended Correspondence Analysis，DCA）是国际上应用最广泛、最先进的排序分析方法。DCA不但可以对由盖度与样方组成的数据矩阵进行分析，还可以对由频度与样方、生物量与样方等组成的数据矩阵进行分析。目前，多数研究报道都是选择由重要值与样方组成的数据矩阵来研究植被。在重要值的选择上，由于考虑到草地植被本身的高度、盖度、密度等特点，所以在草地植物群落研究中主要是由相对盖度与相对高度的平均值来计算的，也有采用相对盖度、相对高度和相对密度的平均值来计算的。根据研究目的的不同，也有采用生物量与样方组成的数据矩阵进行分析的，以及相对密度、相对高度、相对盖度和相对生物量四者的平均值作为物种的重要值来计算。

分类和排序是彼此联系的，因此将它们结合使用，可以更好地解释植物群落与环境的关系。在具体研究中，多数采用DCA方法的研究都同时使用了聚类分析中的TWINSPAN方法，而DCA与TWINSPAN分类方法的结合是研究植物群落与环境、植物群落内部生态关系的主要手段，截至目前报道了多篇用DCA来分析群落与环境以及群落内部的生态关系的文章。并且最初用DCA研究草地植物群落的时候，都是和聚类分析中的TWINSPAN方法相结合的，并经研究表明，DCA和TWINSPAN可以共同分析并可以相互检验。[1]

---

①陆阿飞，龙明秀. 杂多县退化草地治理及植被高度变化监测分析[J]. 青海草业，2017，26（2）：2-5，9.

（二）应用与案例

1.地面植物群落调查

对评价区植被进行野外实地考察，考虑到评价区的不同群落类型、退化等级，需要分别对不同退化等级地段进行详细的植物群落样方调查，设计遍布评价区大部的调查样点，每个样点在半径200m的范围内，选取草原群落生长状况基本一致的地段，分别做3个1m×1m样方，记录各物种的盖度和地上生物量，并带回实验室烘干称重。取3个样方的盖度和生物量平均值作为该样点的盖度和地上生物量值。

2.群落样方分类和排序

用双指示种分析和无偏对应分析对样方物种组成和生物量进行排序。

3.群落数量分析

将植物群落样方TWINSPAN分类和DCA排序结果进行整理归纳，对于不一致的样点，通过对原始数据的分析，最后得出分析结果。

4.退化等级划分

根据数量分析结果，将评价区的植被类型划分退化等级，即轻度退化（Ⅰ和Ⅱ）、中度退化（Ⅲ）、重度退化（Ⅳ和Ⅴ）。

5.案例分析

以内蒙古自治区多伦县为例，在植物群落调查数据的基础上，运用TWINSPAN分类和DCA排序，对17年间多伦县草原植物群落类型及特征、空间格局变化和时间动态特点进行研究。结果表明，研究区域的植物群落按照退化、沙化和恢复演替序列可以分为5个阶段，不同时间的草原植物群落演替序列在空间格局上具有相似性，对比17年的动态变化，也呈现同一演替序列特征。与2001年相比，2018年研究区草原植物群落总体上有明显的退化迹象。

1）数据采集

数据来源为多伦县林业和草原局2001年7—8月的调查数据，包括75个样地和225个样方数据，测定的主要指标包括植物种类以及每个植物种的高度、密度、频度和生物量。2018年8月，利用GPS定位，选择了2001年布设样地中的28个样地，这些样地代表了研究区植物群落类型。每个样地测定1m×1m样方4个，共获得样方112个，其中植物种类分为多年生植物、主要一年生植物（生物量大，在群落中优势度高）和其他一年生杂类草，其余测定指标与2001年保持一致。

2）数据处理

TWINSPAN分类、DCA和典型应对分析（CCA）排序的植物群落指标为样地内测定样方的平均地上生物量，计算方法如下。

$$X_j = \sum_{i=1}^{n} X_{ij}$$

式中，X_j为样地中物种j的平均生物量；X_{ij}为某样地第i个样方物种j的生物量实测值；n为同一样地布设的样方数。

所有数据在EXCEL软件和SPSS软件进行预处理。基于植物群落指标进行数据分析，采用国际通用的"康乃尔生态学"程序（CEP Version 6.2）中的TWINSPAN分类、生态学数据多变量统计分析软件（Canoco for Windows Version 4.5）中的DCA排序。

3）结果与分析

图4-1与图4-2分别为2001年和2018年多伦县草原植物群落DCA排序结果。结果将研究区28个样地分别划为5种群落类型，从划分出来的植被类型来看，不同的群落类型排列起来反映了一个完整的草地退化、沙化演替序列。

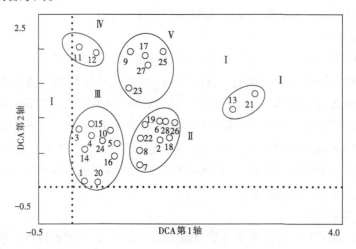

图4-1　2001年草原植物群落DCA排序

注：Ⅰ、Ⅱ、Ⅲ、Ⅳ、Ⅴ代表5种群落类型，数字1~28代表样地块号。

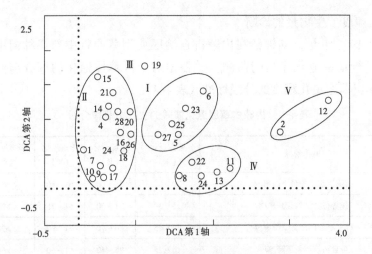

图4-2 2018年草原植物群落DCA排序

注：I、II、III、IV、V代表5种群落类型，数字1~28代表样地块号。

研究结果显示，2018年的草原植物群落类型基本上没有羊草、针茅原生植物群落，最接近原生植物群落的样地也出现了退化。对比2018年和2001年草地状况，28个样地中3个样地（5，9，17）有恢复的迹象，10个样地（1，3，4，6，10，15，16，20，25，27）基本上没有变化，7个样地（11，12，13，14，23，26，28）有退化迹象，还有8个样地（2，7，8，18，19，21，22，24）出现了严重退化，发生退化样地之中有7个（2，25，11，12，24，8，22）是沙生植被或一二年生植物群聚，这表明草地退化的同时也朝着土壤沙化方向发展。因此，从整体上来看，调查样地中一半以上样地向退化、沙化方向发展。同时，从分析中还可以发现该地区2018年约80%的样地处于中度、重度和极度退化状态。

（三）基于植被演替的草原退化诊断

植被演替是指一种植被类型被另一种植被类型所替代的过程。关于退化草地的植被恢复和演替问题已经开展了大量研究并积累了丰富的经验，植被恢复和演替与生态系统的退化程度、所处气候条件、土壤环境的演变及其与植物群落之间有密切关系。群落演替的前期阶段以土壤性的内因动态演替为主，土壤的性质影响着植被的变化，同时土壤的性质也因植被的变化而发生变化。植物群落与土壤这种彼此影响、相互促进的作用，是植被恢复演替的动力。

1.盖度、生物量的诊断

从1983年起，刘钟龄在内蒙古自治区典型草原带中部锡林河中游，连续进行草原退化序列的监测，并根据对全区草原退化的调查与测定，概括提出草原退化程度的分级标准（表4-1）。

表4-1　内蒙古草原退化演替的生产力衰减分级

退化指标	轻度退化（Ⅰ）	中度退化（Ⅱ）	重度退化（Ⅲ）	极重度退化（Ⅳ）
植物群落生物量下降率/%	20～35	36～60	61～80	>80
优势植物种群衰减率/%	15～30	31～50	51～75	>75
优质草种群产量下降率/%	30～45	46～70	71～90	>90
可食植物产量下降率/%	10～25	26～40	41～60	>60
退化演替指示植物增长率/%	10～20	21～45	46～65	>65
株丛高度下降(矮化)率/%	20～30	31～50	51～70	>70
群落盖度下降率/%	20～30	31～45	46～60	>60
轻质土壤侵蚀程度/%	10～20	21～0	31～40	>40
中、重质土壤容重、硬度增高/%	5～10	11～15	16～20	>20
可恢复年限/年	2～5	5～10	10～15	>15

2.以优势植物种群的更替为表征

刘钟龄认为，内蒙古自治区典型草原与荒漠草原的地带性群落优势植物种羊草、大针茅、小针茅等在放牧退化演替过程中趋于衰退。糙隐子草、无芒隐子草等在退化过程中则趋于增长，但在严重退化阶段同样趋于衰退。冷蒿、蓍状亚菊在退化过程中则处于增长的趋势中（表4-2）。

表4-2　3种草原群落退化过程中优势种的消长率

草原群落	优势植物	Ⅰ度退化种群/%	Ⅱ度退化群/%	Ⅲ度退化种群/%	Ⅳ度退化种群/%
羊草草原	羊草	−28.3	−48.2	−68.6	−94.5
	大针茅	−32.2	−55.0	−77.6	−96.0
	糙隐子草	+5.5	+6.3	+1.8	−2.6
	冷蒿	+21.5	+37.2	+66.4	+68.7
大针茅草原	大针茅	−30.5	−52.6	−75.8	−95.4
	糙隐子草	+8.8	+10.5	+6.2	−5.4

草原群落	优势植物	I度退化种群/%	II度退化群/%	III度退化种群/%	IV度退化种群/%
大针茅草原	冷蒿	+22.8	+33.3	+61.4	+67.1
小针茅草原	小针茅	−31.0	−49.6	−72.2	−81.7
	无芒隐子草	+10.6	+8.2	−7.7	−20.4
	菁状亚菊	+24.0	+41.4	+64.2	+68.2

3.退化演替指标植物的出现率

刘钟龄根据对内蒙古草原区的广泛调查，并结合演替实验样地的多年监测，认为冷蒿、星毛委陵菜、百里香、糙隐子草、寸草苔、银灰旋花、狼毒等植物在群落演替的时间与空间系列中具有明显的指示意义。这类植物种群数量的消长，反映着演替过程的重要阶段性特征（表4-3）。

表4-3　草原退化的指标植物在退化系列中的存在度

指标植物	典型草原的退化程度				荒漠草原的退化程度				草甸草原的退化程度			
	I	II	III	IV	I	II	III	IV	I	II	III	IV
冷蒿	+	++	+++	++	+	++	++	+	+	+	++	+
星毛委陵菜	+	++	++	+++						+	++	+
糙隐子草	+	++	++	+								
阿尔泰狗娃花	+	+	+							+	+	+
百里香	+	++	+++	++								
狼毒	+	++	++	++								
菁状亚菊					+	++	+++	+++				
女蒿					+	++	+++	+++				
无芒隐子草					+	++	++	+				
多根葱					+	++	+++	++				
银灰旋花			+	+		+	++	+++	+++			
骆驼蓬						+	++	+++				
寸草苔	+	+						+	++	+++	++	

4.基于植物群落演替模式的退化诊断

草原退化演替是与经营利用密切相关的一种生态演替过程，即生产力的衰退。退化是对正常的草原而言的。草原退化是在超负荷的利用与不合理的经营管理条件下，由于某些限制性生态因子的作用，导致生物产量与品质下降的演变过程。因此，衡量植被退化的基本标准是草原的植物产量与草群组成的质量。不同类型的草地生态系统，其生态环境与植物群落组成均有不同特点，草原的利用管理方式与利用强度又有差异，所以退化草原的演替模式与退化程度不尽相同，因而分化出许多不同的退化草原类型与退化系列。

1）典型草原的退化演替模式

内蒙古自治区典型草原的主要类型是大针茅草原、克氏针茅草原、羊草草原等。在高强度放牧下，各自出现不同的退化演替序列，但最终趋同于冷蒿占优势的草原变型，可用下式表述。

大针茅草原→大针茅+克氏针茅+冷蒿→冷蒿+糙隐子草变型

克氏针茅草原→克氏针茅+冷蒿→冷蒿+糙隐子草变型

羊草草原→羊草+克氏针茅+冷蒿→冷蒿+糙隐子草变型

长期高强度放牧则使冷蒿群落变型向更严重退化的星毛委陵菜或狼毒占优势的群落变型演变。

2）荒漠草原的退化演替模式

荒漠草原的主要类型是小针茅草原、短花针茅草原。持续放牧利用的退化演替序列如下。

小针茅草原→小针茅+蓍状亚菊→蓍状亚菊+无芒隐子草变型→小针茅+冷蒿→冷蒿+无芒隐子草变型

短花针茅草原→短花针茅+冷蒿→冷蒿+无芒隐子草

更强度的放牧利用可使蓍状亚菊群落变型趋于银灰旋花群落变型。

3）草甸草原的退化演替模式

草甸草原的主要群落类型是贝加尔针茅草原与羊草+杂类草草原。放牧退化演替序列可以概括如下。

贝加尔针茅草原→贝加尔针茅+克氏针茅→冷蒿+糙隐子草变型→贝加尔针茅+寸草苔→寸草苔变型

羊草+杂类草草原→羊草+寸草苔→寸草苔变型

从以上的退化演替序列中，既表现出不同草原类型因过度放牧利用，遵循不同途径发生退化的不同特点，也显示了退化演替的趋同现象。冷蒿是一种广泛适应于草原的地上芽植物，具有很强的耐牧性，成为草原放牧演替的"优胜者"。

5.基于草地质量的退化等级综合诊断

1）退化等级综合诊断模式

从草地状况背离顶极群落程度的角度来衡量，草地通常按其退化程度可以分为优、良、中、劣4个等级（图4-3）。当草地上的植被处于顶极群落时，此时的草地属于优等草地。当从顶极群落向适口性好的植物群落演替，并进一步演化时，良好的植物种将减少，这个过程中的草地属于良等草地。当草地侵入种出现，适口性好的植物减少时，此时的草地属于中等草地。当草地侵入种变多，草地处于严重退化时，此时的草地属于劣等草地。

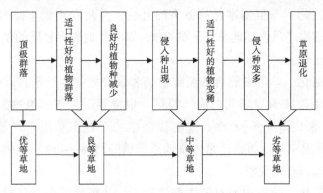

图4-3　草地退化程度等级图

注：引自《草地资源研究》，章祖同文集，2004:230。

2）主要草地类型退化诊断描述指标

在人们的研究中，往往将草地退化分为3个等级，即轻度退化、中度退化和重度退化。而对于不同的草地类型，判定草地属于何种程度退化的标准也是不一样的，草地退化分级是在同一类草地内进行的，不同草地类分级指标不同。草地退化分级主要依据草群中优势植物和退化指示植物的种类、数量，以及它们占草群总产量的百分比。地表状况常常作为草地退化分级的重要条件。下面是内蒙古自治区地方标准——《内蒙古天然草地退化标准》（DB15/T 323—1999）给出的不同草地退化标准的指标。

第一，草甸草原退化指标。

轻度退化：草群结构和外貌无明显的变化，草地总产量下降30%以下，原有优势植物产量占草地总产量的30%~50%，地表土壤比较干燥。

中度退化：草群结构和外貌发生明显变化，原有优势植物衰退，出现的退化指示植物主要有阿尔泰狗娃花、星毛委陵菜、茵陈蒿、黄金蒿等；草地总产量下降30%～60%，原有优势植物产量占草地总产量的10%~30%，各种退化指示植物产量占草地总产量的15%～40%；地表干燥，土壤紧实。

重度退化：草群组成发生根本性改变。退化指示植物狼毒、星毛委陵菜、一年生杂类草大量出现；草地总产量下降60%以上，原有优势植物产量占草地总产量的10%以下，各种退化指示植物产量占草地总产量的40%以上；地表土壤坚实，出现部分裸斑。

第二，典型草原退化指标。

轻度退化：草群基本保持原有的外貌。草地总产量下降30%以下，原有优势植物产量占草地总产量的40%～60%；地表有轻度的侵蚀、覆沙或砾石化现象。

中度退化：草群中原有的建群植物和优势植物生长明显衰退，银灰旋花、星毛委陵菜、华北白前、赖草、狼毒等退化指示植物大量出现；草地总产量下降30%～60%，原有优势植物产量占草地总产量的20%～40%，各种退化指示植物产量占草地总产量的15%～40%；地表有中度侵蚀、覆沙或砾石化现象。

重度退化：草群中原有的建群植物和优势植物消退，骆驼蓬、银灰旋花、狼毒、华北白前、一年生杂类草等退化指示植物占据草群优势；草地总产量下降60%以上，原有优势植物产量占草地总产量的10%以下，各种退化指示植物产量占草地总产量的40%以上；地表侵蚀严重，有大量的砾石和覆沙。

第三，荒漠草原退化指标。

轻度退化：草群基本保持原有的外貌，草地总产量下降30%以下，原有优势植物产量占草地总产量的40%～60%；地表风蚀较重，有轻微覆沙或砾石化现象。

中度退化：草群明显稀疏、低矮，退化指示植物银灰旋花和一、二年生杂类草占据明显优势；草地总产量下降30%～60%，原有优势植物产量占草地总产量的10%～40%，各种退化指示植物的产量占草地总产量的15%～40%；地表风蚀严重，表现为中度覆沙或中度砾石化。

重度退化：草群中原有的建群植物和优势植物严重消退，产量占草地总产量的10%以下，侵入植物骆驼蓬大量出现并占据草群优势，各种退化指示植物产量占草地总产量的40%以上；地表极度风蚀，表现为严重砾石化。

第四，低地草甸退化指标。

轻度退化：草群基本保持原有的外貌，草地总产量下降30%以下，原有优势植物产量占草地总产量的30%~50%；地表土壤含水量下降，容重增加，开始旱化。

中度退化：草群中原有优势植物发生明显衰退，草群覆盖度下降，草地总产量降低30%~60%，原有优势植物产量占草地总产量的20%~30%；地表土壤容重进一步增加，表土比较坚实。

重度退化：草群中优势植物明显变化，草地总产量下降60%以上，原有优势植物产量占草地总产量的20%以下；地表土壤旱化，表土紧实。

二、分级指标判定规则

在草地退化判定过程中，出现各项指标不一致时，采取判定规则：轻度退化草地以优势植物产量占草地总产量的百分比作为判定的主要依据；中度退化草地以退化指示植物的种类、原有优势植物产量占草地总产量的百分比作为判定的主要依据；重度退化草地以退化指示植物的种类、退化指示植物产量占草地总产量的百分比和原有优势植物产量占草地总产量的百分比作为判定的主要依据。

北方温带草原区退化草地最严重的是平原区，其次是高平原区，山地区退化较轻。从全国情况来看，温带东北地区、华北地区和西北地区退化是最严重的，其次是西南高寒地区，再次是亚热带草山草坡。在内蒙古自治区，从地形上看，退化草地比例是高平原区>丘陵区>山地区。在草原植被中，退化草地比例是荒漠草原>典型草原>草甸草原。就同一个地区而言，往往是引水点、畜群点、居民点、沿河地段和交界处草地退化比较严重。

第三节 退化草地土壤的变化

土壤是植物赖以生存的基础。土壤环境的好坏，不仅关系到植物的生长，更影响着生产力的高低。土壤作为陆地生态系统的重要组成部分，是陆地生态系统中物质和能量交换的重要场所。一方面，土壤作为生态系统中生物与环境相互作用的产物，贮存着大量的碳、氮、磷等营养物质；另一方面，土壤养分对于植物的生长起着关键性的作用，直接影响着植物群落的组成与生理活力，决定着生态系统的结构、功能和生产力水平。近年来，由于长期过度放牧及严重鼠害等原因，我国大部分草地严重退化，从而导致草地土壤环境发生了相应的改变。家畜主要通过采食、践踏和排泄粪便3种主要形式影响草地土壤状况，因为畜蹄的践踏作用对土壤产生一系列潜在的影响，如对土壤紧实度、渗透能力等的影响，另外家畜通过采食活动及其对营养物质的转化和排泄物归还等影响草地营养物质的循环，致使草地土壤化学成分的变化，而草地土壤的物理变化和化学变化之间也是相互作用、相互影响的。在草地生态系统中，土壤、牧草、家畜是一个整体，即土壤是生物量生产最重要的基质，是许多营养的储存库，是动植物分解和循环的场所，同时也是牧草和家畜的载体。它们互相影响，互相制约。因此，研究放牧对土壤理化特性的影响，认识不合理放牧导致草地土壤退化的过程和机制，采取合理的管理措施，对遏止草地退化、保证草地畜牧业的可持续发展具有重要的意义。

土壤退化是在各种自然因素，特别是人为因素影响下所发生的导致土壤的农业生产能力、土地利用和环境调控能力的下降，即土壤质量及其可持续性下降甚至完全丧失物理学、化学和生物学特征的过程，包括过去的、现在的和将来的退化过程。土壤退化是土地退化的核心。土壤退化中的环境因素是引起土壤退化的主要根源。土壤退化的标志是土壤承载力的下降，对作物来说是土壤肥力的降低；土壤质地、水分、养分及其有效性是最基本的诊断指标。

一、退化草地土壤理化性质的变化

在草地生态系统中，土壤是生物量生产最重要的基质，是许多营养的储存库，是动植物分解和循环的场所，同时也是牧草和家畜的载体。作为植物生长的基质和环境，土壤物理和化学性质对植物群落动态存在最深刻的作用机制。土壤pH、有机质含量和其他营养元素含量均表现出不同程度的植物群落依存特性。不同植物群落土壤化学性质的变化，主要是通过作用于地上和地下凋落物的数量和质量以及微生境进行的。此外，不同种群的生活史、生物量分配和植物组织的化学性质组成对土壤有机质分解和土壤养分动态也存在显著的作用。[①]

①江仁涛. 川西北高寒草地退化/恢复对土壤团聚体及有机碳的影响[D]. 绵阳：西南科技大学，2018.

姚拓等对退化草地的土壤理化性质变化的研究表明，1982—2003年的21年间，草地土壤pH升高，土壤持水量下降了32.5%，土壤有机质含量降低了5.5%，虽然土壤全磷含量与全氮含量较为稳定，但也有一定程度的变化。肖运峰的研究表明，家畜的过度践踏和采食，可引起草地的旱化、土壤理化性质的劣化和肥力的降低。随放牧强度的增大，草地土壤硬度和容重显著增加，而土壤毛细管持水量则显著下降。王仁忠对松嫩平原羊草草地的研究表明，随放牧强度的增大，草地土壤水分和有机质含量降低，而土壤容重和pH则逐步增加。随动物践踏作用的增强，土壤孔隙分布的空间格局发生变化，土壤的总孔隙度减少，土壤容重增加。在过牧条件下，牲畜长期践踏，土壤表土层粗粒化，结果是黏粒含量降低，砂粒含量增加。在干旱半干旱气候下，土壤水分是限制天然草地群落地下净初级生产量的重要因素，也是影响群落生物量年度间波动的重要因素。一般认为，草地状况越好，则土壤的渗透率越大，适牧能增加土壤的渗透率，过牧则导致土壤渗透率的降低。高载畜量降低土壤渗透率，增加土壤冲积物的量。龙章富对3种不同退化程度草地土壤理化性质与微生物区系的研究表明，草地退化后，土壤肥力、土壤微生物数量和种类随退化程度增高而下降。

(一) 草地土壤物理特性的变化

放牧主要影响表层土壤的物理特性，包括土壤的容重和渗透阻力增加，风蚀和水蚀增大，土壤孔隙的空间分布发生变化，土壤团聚体稳定性和渗透率降低等。

1.土壤孔隙状况的研究

透水性和土壤饱和导水率是水分研究的重要参数，是衡量土壤渗透能力的重要指标。透水性强弱反映土壤水分和养分保蓄能力的大小，还影响土壤的通气状况和水分利用，也是土壤肥力状况的指标之一。目前为止，虽已对一些主要类型草地群落的土壤呼吸进行了研究，但这些研究针对热带和温带干旱半干旱区的草原群落极少。随着草地退化程度的加剧，土壤水分渗透率呈下降趋势，开始时渗透率最大，随时间的推移，渗透率逐渐降低。随着草地退化的加剧，一定深度内土壤孔隙度的下降，尤其大孔隙的丧失，是造成饱和导水率下降的重要原因。

2.土壤容重

土壤容重是土壤紧实度的指标之一，综合反映了土壤颗粒和土壤孔隙的状况，与土壤的孔隙度和渗透率密切相关，也是评价放牧较为敏感的指标之一，可以作为草地退化的数量指标。土壤容重主要受到土壤有机质含量、土壤中矿物质的组成、土壤质地和放牧家畜践踏程度的影响。随放牧强度的增大，动物践踏作用增强，土壤孔隙分布的空间格局发生变化，土壤的总孔隙减少，土壤容重增加。

随着退化程度的加深，土壤容重逐渐增大。土壤退化达到重度退化以后，土壤的颗粒组成急剧变粗，细粒部分明显减少。国内外学者在放牧强度对土壤压实效应方面做了大量研究。一般认为，随着放牧强度的增加，牲畜对土壤的压实作用越来越强烈，土壤容重也逐渐增加。霍尔特（Holt）等报道，土壤容重在高的放牧压力下显著高于低的放牧压力。在美国得克萨斯州，冬小麦茬地放牧绵羊，践踏增加表土紧实度超过40%。在我国天山北麓的高山草地、内蒙古自治区典型草原和东北羊草草原、松嫩羊草草原、华北农牧交错带以新麦草为主的人工草地、三江源区、小蒿草为主的高寒草甸的研究均表明，放牧对土壤容重的增加具有累积效应。随着放牧强度的增加，土壤容重逐渐增加，且随土壤深度的增加，土壤容重逐渐增加。这与格林伍德（Greenwood）等的试验结果一致。而贾树海等却发现表层土壤紧实度和土壤容重在轻度放牧和中度放牧下增加，重度放牧下减少。

张蕴薇和石永红的研究发现，放牧压力对土壤容重的影响仅限于0~10cm的土层，且0~10cm土壤容重随放牧强度的增加而增加。国外也有类似报道。但侯扶江对祁连山高山草原10~40cm土壤容重的研究发现，其与牧压呈正相关，但放牧较重区域0~10cm土壤容重较小。姚爱兴和石永红对奶牛的放牧试验研究表明，放牧强度使土壤下层的容重也增加，这可能是由于放牧大家畜的缘故。放牧使土壤容重增加的主要原因是家畜的反复践踏压实土壤表面，造成土壤非毛管孔隙减少，通气性、渗透性和蓄水能力受到不良影响。但在有机质含量很低的沙质土壤中，超载过牧造成有机质含量降低，土壤的团粒结构减少，稳定性团聚体减少，土壤结构遭到破坏，从而使得土壤容重反而减少。

3.土壤渗透能力

透水性和土壤饱和导水率是判定土壤水分的重要参数，同时也是衡量土壤渗透能力的重要指标。透水性强弱反映土壤水分和养分保蓄能力的大小，影响土壤的通气状况和水分利用，也是土壤肥力状况的指标之一。一般认为，草地状况越好，则土壤渗透率越大。耶尔诺（Hiernaux）研究了干旱的撒哈拉以南地区绵羊和山羊对土壤的践踏作用，土壤结皮破碎，土壤结皮的面积减少，中等强度践踏提高了土壤渗透率，但重度践踏降低了土壤的渗透率。阿布里尔（Abril）的研究表明，过度放牧严重影响阿根廷干热稀树草原土壤肥力，使土壤持水力下降。格林伍德（Greenwood）和赛特尔（Seitlheko）研究了肉牛短期重度放牧和绵羊冬季践踏对土壤的影响，土壤孔隙度和水稳性团聚体减少，引起透水性、透气性和导水率下降。小林诚（Kobayashi）等研究发现，家畜践踏虽然减少阳坡的土壤水分，但对阴坡土壤有效水无显著影响。张蕴薇等发现，随放牧强度的增加，土壤水分渗透率呈下降趋势，开始时渗透率最大，随时间的推移，渗透率降低。在渗透的各阶段，重度放牧区土壤渗透率都明显低于其他放牧区，说明重度放牧严重破坏了土壤的结构，使土壤紧实、渗透率下降，而且随着渗透时间的推移，重度放牧区渗透率下降幅度明显增大。牛海山等研究认为，随放牧率的增大，土壤饱和导水率显著下降。土壤饱和导水率与土壤孔隙状况密切相关，特别是大孔隙分布显著影响饱和导水率。红梅的研究表明，随放牧压力的增强，牲畜对土壤的压实作用变强，导致土壤孔隙度降低。玛拉（Mara）等认为，过度放牧导致土壤中的大孔隙和较大中等孔隙丧失，放牧地土壤表层总孔隙度比未放牧地低17%。Greenwood 等也认为绵羊对土壤的压实作用主要局限在5cm以上的表土层，而且孔隙度的降低主要是112mm当量孔隙的减少。普罗夫（Proff）的试验表明放牧使表土层和亚表土层的孔隙都明显减少。总之，随着放牧率的增大，一定深度内土壤孔隙度的下降，尤其大孔隙的丧失，是造成饱和导水率下降的重要原因。

（二）退化草地土壤化学特性

放牧对草地生态系统中化学元素组成的直接影响是食草动物将化学元素固持、转移和空间上再分配。放牧对草地生态系统中化学元素的间接影响是改变化学元素的循环过程和行为特征。通过食草动物的践踏，植物残体变得破碎，植被盖度下降，土壤容重增加，其结果提高了土壤表面温度，这些环境因素的变化均有利于植物残体的分解，加速了养分的循环过程。从较长时间看，由于食草动物对植物的选择性采食使植物群落结构发生变化，从而也影响了草地群落养分循环动态。

1. 土壤有机质

土壤有机质是指各种形态存在于土壤中的所有含碳的有机物质，包括土壤中的微生物及其新陈代谢活动所产生的土壤腐殖质、动物残体及其分泌物。土壤有机质（SOM）是最大的有机碳库，占整个系统有机碳的90%左右，且土壤有机质是植物养分元素循环的中心，影响水分关系和侵蚀潜力，在土壤结构中是一个关键因子。在草地生态系统中，虽然总碳量在不同的草地类型中显著不同，但有机碳在多年生草地生态系统中的相对分布相当一致。总体上，植物生物量中的碳占草地总碳储量相对较少的部分（少于10%），且大部分保存在根系中（80%~90%），所以只有不足1%的有机碳分布在地上植物生物量中。有机质的动态转化过程十分复杂，受很多因素的影响，如温度、降水、植被、土壤和管理措施。放牧管理是草地管理的重要措施，虽然放牧管理影响下草地碳循环和分布的生态过程没有完全被认识。但根据已有的文献报道，放牧管理对土壤有机质的影响有3类结论：无影响、增加和降低。

一些研究认为，草地生态系统对放牧有相当的弹性，放牧对土壤有机质含量没有影响。澳大利亚东北部半干旱草原群落、内蒙古自治区羊草小禾草草原经过8年放牧后，土壤有机碳含量没有显著变化。弗兰克（Frank）等利用^{13}C技术研究了不同放牧率对土壤有机质的影响，发现适度放牧样地土壤有机质比对照区有轻微降低，而重度放牧样地土壤有机质没有下降，主要是因为重度放牧后没有发生土壤侵蚀，而是植物组成发生了很大的变化，有较浅的根系和较高的有机质生产能力的C_4植物明显增加。另外一些研究发现，放牧增加了土壤有机质含量，主要是由于放牧管理技术的合理应用增加了牧草的产量，也潜在增加了土壤有机质和碳沉积量。由于动物的践踏使凋落物破碎并与土壤充分接触，放牧使凋落物积累量减少，有助于凋落物的分解，也有助于碳和养分元素转移到土壤中，这些都有助于土壤有机质的积累。而且这些系统多是土壤有机质含量较高，植被没有退化或有轻微退化，且气候条件较好，并有一定的管理措施（如施肥等）。还有研究认为，放牧降低了土壤有机质含量。我国东北羊草草原、高寒草甸草原、内蒙古自治区草甸草原土壤有机质随着放牧强度增加，其含量逐渐降低。内蒙古自治区半干旱沙化草地自由放牧后，土壤有机碳含量比围栏封育草地降低了11.78%。也有人认为，在重度放牧条件下土壤有机质的降低是土壤侵蚀加重所致。若放牧地土壤本身含有较低的有机质，土壤的缓冲性能低，放牧后也可导致土壤有机质降低，特别是在生态环境相对脆弱的半干旱地区和干旱地区。

2.土壤氮素循环

土壤中的氮是植物生长所需最重要的养分之一。土壤中可利用氮主要与土壤的矿化作用、植物的吸收量、家畜排泄物量等有关。放牧家畜通过采食、践踏、排泄等行为直接或间接地影响土壤中氮的含量。有研究认为，随着放牧强度增加，土壤中全氮含量降低，土壤全氮含量从围栏封育草地的0.28%降低到极端过度放牧草地的0.14%。而贝尔格（Berg）和罗穆洛（Romulo）认为放牧对全氮含量没有大的影响，长期适度放牧有利于提高氮的循环速率和可利用率。也有学者认为，土壤中的氮随放牧强度增加而增加。单位面积放牧家畜头数的增加，使粪便排泄量增加，从而导致铵态氮和硝态氮含量增加，且随土层的加深呈下降趋势。戎郁萍的研究表明，高强度放牧通过家畜在草地上排泄粪尿能够逐渐增加土壤全氮含量，且随放牧次数增加，其影响逐渐增大。但是放牧区土壤全氮含量始终低于对照区。赵磊的研究表明，重度放牧下根系和根系中的氮含量明显集中在表层，无机氮含量在中度放牧处理中最高。放牧使土壤氮含量增加是由于动物的粪便增加了土壤中的氮素特别是速效氮，因为放牧家畜使消耗了的植物养分的大部分返回到土壤中。

3.全磷和速效磷

土壤全磷包括速效磷、有机磷、无机磷和微生物磷。土壤全磷含量主要受土壤类型、气候条件的影响，而土壤速效磷含量则随土壤类型、气候条件、管理水平、利用程度等而不同。放牧对土壤磷的作用有降低、无变化等结论。内蒙古自治区半干旱沙化草地自由放牧后土壤全磷比围栏封育草地下降16%。而侯扶江的研究发现，放牧践踏促进土壤磷的积累。赵吉认为不同放牧强度下土壤速效磷也增加。赵磊的研究表明，未退化、轻度退化和中度退化高寒草甸的土壤表层速效磷含量减少不明显，随着草甸的重度和极度退化，土壤速效磷含量才出现急剧下降。戎郁萍的研究表明，放牧对土壤全磷含量影响不大，但0~10cm土壤全磷和速效磷含量均随放牧强度增加而减少，是由于在高放牧强度下，家畜频繁的采食使磷从系统中的输出增加，引起土壤中全磷的各组分向速效成分的转移量增加，通过植物吸收后转向系统外输出，从而导致土壤全磷和速效磷含量减少。

4.土壤酶活性的变化

土壤酶是指土壤中的积聚酶，包括游离酶、胞内酶和胞外酶，主要来源于微生物的活动、植物根系分泌物和动植物残体腐解过程中释放的酶，土壤酶几乎参与土壤中的一切生物化学过程。土壤酶活性的研究被作为土壤肥力指标而受到土壤学家的普遍重视。谈嫣蓉对东祁连山不同退化程度草地的土壤酶活性的研究表明，3个不同退化程度样地的中性磷酸酶、纤维素酶和过氧化物酶活性随土层深度的增加呈递减的趋势，且表层土壤酶活性占有较大的比例；3种酶的活性均表现为轻度退化>重度退化>极度退化。

二、不同退化程度草地土壤种子库的变化

土壤种子库是指存在于土壤上层凋落物和土壤中全部存活种子的总和。它是植物种群生活史上的一个阶段，也是地上植物种群、群落、生态系统演替过程和发展趋势的重要影响因子，在种群生态对策、物种进化研究方面具有重要的价值。种子库作为繁殖体的储备库，可以减小种群灭绝的概率，在植物群落的保护和恢复中起着重要的作用，是地上植被种群、群落乃至生态系统演替过程和趋势的重要影响因子。土壤种子库的存在为植物群落遭受干扰和破坏后的恢复提供充足的繁殖体。因而，土壤种子库的种子储量、组成和结构成为群落更新与恢复的重要决定因素。种子库的多样性为重建多种植被提供了潜在的可能，成为植被周期变化的关键，不同的植被地带、不同的植被群落，其种子库的组成特性、生态功能各不相同。张黎敏对4种不同退化程度的高寒草甸土壤种子库种子用不同大小孔径分析筛进行分离处理。结果表明，高寒草甸土壤种子库中可萌发种子总量的94%~98%集中于0.25~2mm粒径。粒径大于6mm的可萌发种子数占2%~6%，小于0.25mm粒径土样中未发现可萌发种子。张建利对干热河谷稀树灌草丛退化草地土壤种子库进行了研究，随着围栏封育年限的增加，土壤种子库密度和植物密度增加极显著。白文娟通过对黄土高原地区退耕地土壤种子库研究发现，随着退耕年限的增加，土壤种子库中的物种多样性趋于丰富，原生优势种优势不明显，这可能与草地所处的环境和耕地破坏程度有关。王宏辉研究了西藏自治区那曲市不同高寒退化草地土壤种子库存量、可萌发种子数量特征，结果表明，

高寒中度退化草地种子库中的种子数量最多，其次是高寒重度退化草地和高寒极度退化草地，轻度退化草地种子库种子存量和可萌发种子数量最少。

三、退化草地土壤微生物

土壤微生物是草地生态系统中活跃的生物组成部分，是土壤有机无机复合体的重要组成部分，在有机物质分解转化过程中起主导作用，具有巨大的生物化学活力，从而影响草地生态系统中能量流动和物质转化过程，在土壤肥力评价和生物净化等方面有着重要作用。作为植物–土壤界面的生物介质，微生物不仅能够通过分解活动改变土壤养分含量及其矿化速率，还可直接作用于植物根系，对植物个体生长和群落演替造成影响。相对于土壤缓慢的变化过程，土壤微生物属于敏感性群体，容易受到外界干扰，是衡量放牧对土壤状况影响程度的评价性指标。

放牧对土壤微生物的影响主要归为2类，一类是放牧干扰导致土壤微生物数量或生物量的变化。在放牧过程中，大型食草动物的排泄、践踏和取食行为均会对土壤微生物产生直接或间接的影响。希尔特布伦纳（Hiltbrunner）在苏格兰亚高山草原的放牧研究表明，在由家畜践踏造成的地表裸露斑块内，土壤微生物生物量减少30%，其中真菌的大量减少显著降低了真菌和细菌比。真菌对土壤团聚体的形成具有重要作用，真菌的减少容易加速土壤侵蚀。斯蒂恩沃思（Steenwerth）的长期放牧试验表明，土壤微生物的活性符合放牧优化假说，土壤微生物生物量在中度放牧样地中达到峰值，这可能与中度放牧样地中土壤营养循环最好有关。家畜的排泄物同样也会对土壤微生物产生影响，如洛弗尔（Lovell）的牛尿液添加试验研究表明，牛的尿液和粪便可增强土壤呼吸作用，并刺激土壤微生物生物量碳和生物量氮含量的增加。家畜的取食则通过减少地上植物和凋落物的输入而间接地对微生物产生影响。尚占环对青藏高原江河源区不同退化程度高寒草地土壤微生物的数量特征进行了研究，结果表明，未退化高寒草地土壤中微生物3大类群及微生物总数显著大于退化高寒草地，中度退化草地与重度退化草地间差异不显著；硝化细菌、好气性固氮菌、嫌气性固氮菌、好气性纤维分解菌的数量随草地退化而减少，反硝化细菌、嫌气性纤维分解菌的数量则随草地退化而增加；土壤微生物数量变化总体上反映了高寒草地退化的状况。姚拓研究表明，草地植被及土壤退化引起凋落物、根系分泌物和土壤养分等减少，微生物生存与繁殖环境变劣，土壤微生物数量和活性大幅度下降。3大类微生物中，细菌变化最大，其次是放线菌，真菌变化最小。胡静的研究表明，过度放牧显著减少了土壤可培养细菌和真菌的数量。根际可培养细菌对放牧的响应较真菌更敏感。

另一类为放牧造成土壤微生物群落结构发生改变。如张永生在贝加尔针茅草原的研究表明，土壤细菌群落与放牧强度密切相关，在不同的放牧强度下，土壤细菌种属和比例均有所不同。帕特拉（Patra）通过磷脂脂肪酸（PLFA）法对法国半自然草地放牧样地土壤进行了测定，研究结果表明，放牧是造成土壤微生物群落组成发生变化的主要原因。赵吉在冷蒿小禾草草原的研究表明，随着放牧强度的增加，好气性细菌类群有增加的趋势而嫌气性细菌类群则有所下降，这可能是家畜践踏导致土壤孔隙度变小、透气性变差所致。乔鹏云在陇东半干旱草地的研究表明，细菌类群和真菌类群随着放牧率的增加呈先增加后减少的变化趋势，即中度放牧有利于增加微生物群落的多样性，重度放牧则会减少微生物群落的多样性。

因此，土壤微生物的数量和群落结构对放牧干扰情况具有一定程度的指示作用，但放牧对土壤微生物的研究仍存在较多的争议。土壤微生物种类繁多，且目前可检测出的微生物仅为微生物种类的一部分，微生物自身的多样性和未知性给研究增加了难度，再加上人为干扰条件，使得土壤微生物对放牧响应的相关研究有所欠缺，同时也具有很大的研究潜力。

第四节　草地退化的遥感监测

一、利用3S技术对草地退化的评估进展

3S技术具有传统方法无法比拟的快速、省力、准确、覆盖面大等优点，成为退化草地宏观监测和诊断的方便、快捷手段。其中，以遥感技术与全球定位技术作为快速获取和更新地理信息的手段，地理信息系统

作为存储、管理、分析空间信息和数据的基础平台。

利用遥感技术研究退化草地的诊断问题的理论基础就是绿色植被与电磁辐射的相互作用。在蓝光（0.47μm）和红光（0.67μm）波段，由于绿色植被叶绿素的吸收作用，反射能量很低。但是，在近红外波段，受叶片结构的影响形成高反射率。表现在光谱反射曲线上，即从0.7μm处反射率迅速增大，至1.1μm附近有一峰值，形成绿色植被的独有反射光谱特征。因此，植被在红光波段和近红外波段的反射特点可以成为植被存在与状况的敏感度量。

近地面反射光谱研究是定量分类与鉴别不同退化等级草地的基础。首先是要分析不同退化等级草地的反射波谱特征之间是否存在显著差异，包括波段和时相2个方面；其次是找到合适的定量分析方法，以便把不同退化等级草地的反射波谱特征之间的差异体现得最为充分。王艳荣的研究发现，在不同的放牧强度下，内蒙古自治区羊草草原的近地面反射光谱在6月底差异最大。分类的最佳波谱是蓝光、红光和近红外。另外，对白音希勒牧场羊草草原、大针茅草原2个退化系列的研究表明，各退化等级反射波谱特征之间的差异性大小与草地类型和生长季节有关。放牧退化草地植被与土壤被近地面反射波谱信息及其动态特性的研究，为利用卫星遥感资料大范围监测草地退化提供了理论依据。①

目前，利用遥感技术对不同退化等级草地的分类方法有2类，一类为"目视解译法"，另一类为"植被指数法"。所谓"目视解译法"就是利用卫星遥感图像，结合地面实地考察，在一些必要的工具辅助下，通过肉眼识别草地退化等级；"植被指数法"主要是基于不同退化等级草地植被在地上生物量、盖度等方面存在显著差异，而植被指数与草地地上生物量、盖度等因子存在较强的相关性特点，利用植被指数并结合地面调查资料完成对退化草地的诊断。

（一）利用地球资源卫星对草地退化的诊断研究

草地退化是在超负荷的利用与不合理的经营管理条件下，由于某些限制性生态因子的作用，导致生物产量与品质下降的演变过程。因此，衡量草地退化的基本标准是草地的植物产量与草群组成的质量。地球资

---

① 朱宁，王浩，宁晓刚，等. 草地退化遥感监测研究进展[J]. 测绘科学，2021，46（5）：66-76.

源卫星（Landsat）的TM、ETM+图像具有较高的空间分辨率，结合一定的地面调查资料，可以区分草地类型和诊断草地退化状况。

金丽芳曾利用TM资料制作内蒙古自治区草场产量分级图，各级别之间界限清晰，能实时提供牧草产量的分布，并可作为产量调查的重要手段。同时，TM数据能够反映草地类型分布、利用强度、利用方式和草场退化、草地沙化的现实状况。石德军等利用TM、SPOT图像对青海省达日县高寒草甸进行研究，通过解译可以辨别退化草地和未退化草地。涂军依据地面实地抽样调查与验证，建立了青海省高寒草地植被类型和草地退化类型的TM图像目视解译标志，将研究区内高寒草地划分为5个类、2个亚类和3个退化草地型。刘志明等利用计算机监督分类与非监督分类方法开展了TM数据的草地解译研究，较好地反映了吉林省西部草地的退化状况。王鹏新等在地形较为平坦的内蒙古自治区锡林郭勒盟典型草原上选择样区，基于Landsat图像，采用非监督分类的方法探讨了不同年份典型草原草地的退化与恢复特征。仝川等在定位监测内蒙古自治区锡林河流域中游草原地上生物量的前提下，结合Landsat TM数据，建立草地生物量估测模型，并估算了2000年7月中下旬研究区草原地上生物量。并且，以地上生物量下降率为判别指标，划分出未退化草地、轻度退化草地、中度退化草地和重度退化草地4个等级。绘制了锡林河流域中部草原植被退化分布图。

由于仅采用单一时相（生长盛期）的遥感资料，不能够反映不同退化等级草地反射光谱的季节动态特征。NOAA/AVHRR、MODIS等气象卫星数据具有时间分辨率高，成像面积大，成本低，不受地理条件限制等优点。而且具备进行草地遥感的光谱波段，因此在草地遥感研究中得到广泛应用。

（二）利用气象卫星和MODIS对草地退化诊断的研究

NOAA/AVHRR与MODIS为大面积的草地监测提供良好的数据。在研究小到斑块、大到全球范围的水体、能量、植被、土壤之间的相互作用时，AVHRR和MODIS数据正在发挥着重要作用。

植被指数是对地表植被情况的简单、有效和经验的度量，与植物生物量等很多植被要素之间存在很强的相关性。植被指数的计算方法很多，长期以来，归一化植被指数（Normalized Difference Vegetation Index，ND-

VI）被用来监测植被的变化情况。它与植被的叶面积指数、盖度等都有很好的相关关系。已有的实验证明，当植被覆盖度小于15%时，NDVI值高于裸土的实际值；当植被覆盖度大于80%时，NDVI值的变化不明显；当植被覆盖度为25%~80%时，NDVI值随植被量呈线性增加。因此，从归一化植被指数可以测定区域地上生物量及初级生产力时空分异特征。普赖斯（Price）曾指出，裸土和100%植被盖度的典型NDVI值分别为0.1和0.6，利用此二值可建立NDVI与植被盖度百分比之间的线性量化关系。

相对于同类正常的草地植被而言，从某种意义上讲，草地退化的本质是草地生产力下降，草群高度下降，密度变小，种群作用变化以及环境因子恶化。曾有人用草地盖度、牧草生物量和牧草植株高度来反映草地"量"的退化程度，并运用因子分析的方法算出各个表征因子的权重，加权求和得出草地综合评价指数。最后根据NDVI与草地综合评价指数建立草地退化评价模型，借以监测草地退化状况。因此，利用遥感技术对退化草地进行诊断，主要是通过对草群的生产力、植被盖度以及草地土壤变化情况的分析，进而达到监测草地退化状况的目的。

1. 利用3S技术估测草地地上现存生物量

地球上不同植被类型的分布与水热状况及二者之间的配合状况有关。一定的植被类型具有一定的物质、能量输入，这种输入决定着该植被类型的能量积累和物质生产，即各植被类型都有其特有的正常初级生产力水平范围。虽然年际间的生物产量可能因年降水量及其季节分配的变易而有一定波动，但是也保持在一定的变幅之内。然而，在草地退化过程中，植物总量会有明显下降，因此评价草地产草量在一定程度上可以反映草地退化的程度。

应用NOAA数据对草地估产已有不少的研究。徐希孺等用NOAA资料推断内蒙古自治区锡林郭勒盟的草地产量，丁志用气象卫星图像资料估测了塔里木河中、下游地区的草地生物量，但这些研究使用的卫星资料与地面调查资料不同步。樊锦沼和吕玉华等应用同步观测的气象卫星资料与草地产量资料进行相关分析，动态监测和预报了呼伦贝尔草原牧草产量的变化。黄敬峰等对天山北坡中段天然草地牧草产量的地面光谱与卫星遥感动态监测模式进行了系统研究。李博等利用NOAA和GMS双星遥感信息对内蒙古自治区锡林郭勒盟草畜平衡开展了动态监测研究，获得了可喜进展。陈全功等运用NOAA资料对新疆维吾尔自治区阜康市草地资源进行监测，最后得出 NOAA 图像经过几何校正和光谱数值纠正后，平均植被指数或累积植被指数确实可以反映出不同产量等级草地的生长状况。陈利军等运用 NOAA/AVHRR 的可见光波段、近红外波段和热红外波段提取和反演地面参数，进而估算了我国陆地不同植被类型的第一性生产力。上述研究绝大多数采用的是 NOAA/AVHRR 通道 1 数据和通道 2 数据，依据天然草地的光谱特征，通过与地面草地产量的建模，开展草地资源的动态监测与估产。

美国地球观测系统（EOS）的 TERRA 卫星和 AOUA 卫星的中分辨率成像光谱仪（MODIS）作为甚高分辨率扫描仪（AVHRR）等的换代产品，其与 AVHRR 相比具有以下优势：用于计算 NDVI 的 1、2 通道为 250m 的空间分辨率，可以克服 AVHRR 空间分辨过低（1km）的缺陷；MODIS 不仅在发射前进行辐射定标，在运行过程中也不断修正偏差，使之在整体上比 AVHRR 更具稳定性；MODIS-NDVI 与 AVHRR-NDVI 相比，也做了一定的改进，输入的红光（RED）值和近红外（NIR）值是经过大气校正的地面反射值，且波幅较窄，有效地克服了 NIR 区水汽吸收的影响。因此，应用 MODIS 数据进行草地遥感估产要比 AVHRR 数据有一定的优势。冯蜀青详述了利用 EOS/MODIS 进行牧草产量监测的方法，建立了牧草产量监测模型。刘爱军等根据 MODIS 植被指数（NDVI）数据与地面牧草产量建立相关性，对内蒙古自治区的天然草地生产力进行了监测。赵冰茹等利用 MODIS-NDVI 对内蒙古自治区锡林郭勒草地的估产表明，MODIS-NDVI 与各类草地产量有较好的相关性，各类草地模型均通过极显著相关的 F 检验，达到较好的拟合效果，说明利用 MODIS 监测草地产草量变化是可行的。在高寒草甸地区，王兮之等通过对甘南草地生产力估测模型的构建，确定了 NDVI 与草地植物体生物量鲜重之间的显著正相关（直线型和指数型）关系。由此说明，利用 NDVI 进行草地生产力估测和生产力的动态监测是可行的。很多研究都证明，用卫星遥感资料可以准确监测草地生产力。

2.利用 3S 技术对草地植被盖度的监测

草地植被盖度对于生态环境的恢复和建设有很大的意义。测量草地植被盖度的方法分为地表实测和遥感测量两大类。地表实测中常用的方法主要包括采样法、仪器法和目视估测法等。遥感测量常用的方法包括经验模型法、植被指数法和亚像元分解法。经验模型法要求首先建立地表实测数据与植被指数的经验模型，然后将该模型推广到区域，求取植被盖度。该方法对特定区域的地表实测数据具有依赖性，因此，仅仅当研究区较小时，测量结果才具有一定的精度；当研究区域较大时，精度就会大大降低。植被指数法是通过对各像元中植被类型及分布特征的分析，建立植被指数与植被盖度之间的转换关系来直接估算植被盖度。其特点是不依赖地表实测数据，但当研究区域较小时，其精度可能会低于经验模型法。亚像元分解法是根据遥感图像像元的特点，分析亚像元结构的分布特征，针对不同的亚像元结构，建立不同的植被盖度模型。它为大面积植被盖度的估算提供了一种有效的途径，基本能够满足生态及气候模型研究的要求。

以中空间分辨率的遥感数据为资料估测区域尺度上的植被盖度在很多研究中被使用。戴蒙德（Dymond）等运用SPOT图像建立地表植被盖度与NDVI之间的非线性经验模型，估测了新西兰南部草原的植被盖度。邓肯（Duncan）等证明，由SPOT图像获取的植被指数与地表实测的植被盖度之间存在较好的相关关系，并利用回归分析所建立的经验模型，估测了新墨西哥州半干旱区的灌丛化草地的植被盖度。李晓兵等综合利用野外样方资料、数码相机、ETM+图像、NOAA/AVHRR图像，对我国北方典型草原区植被进行了综合监测、模拟和分析，认为利用像元分解的方法能够大大提高大尺度植被盖度监测的精度。

在全球尺度上，居特曼（Gutman）等运用亚像元分解法中的高密度模型估测了全球范围的植被盖度。曾绪斌等以NDVI为自变量估测全球植被盖度。在区域尺度上，威蒂克（Wittich）等分别运用植被盖度与NDVI之间的线性关系模型和非线性关系模型估测了德国西部草地、农田和森林的植被盖度，结果表明，对于范围较大且异质性较强的研究区，线性关系模型更适合。

3.利用3S技术对草地生境的监测

土壤是草地生态系统的基础环境。草地植物与土壤之间有着十分密切的关系，它们都受自然条件和人为干扰的影响。在草地退化过程中，首先表现的是植被退化，土壤退化速度相对缓慢，稳定性比较高。但是随着退化程度的加剧，土壤的许多理化性状如土壤养分、土壤质地、容重等都会发生变化。

1）草地土壤水分的估测

不同退化等级草地的土壤含水量是有差别的。由于放牧践踏，土壤变得紧实，土壤水分向下运动量小，因此土壤水分蒸发很快，造成0~10cm土壤水分变化较大，10~30cm土壤含水量趋于降低。

土壤是含有多种成分的、复杂的自然综合体。土壤光谱受土壤母质、有机质、水分等多种复杂因素的影响，在母质等因素变化不大的情况下，土壤光谱主要受土壤水分的影响。一般地，随着土壤水分的增加，反射率降低，这就为遥感探测土壤水分提供了可能。刘培君的研究发现，土壤水分含量大于约5%时，反射率随土壤水分含量的增加呈指数下降趋势。郭广猛等采用MODIS数据，根据水分的吸收率曲线提出使用中红外波段来监测土壤湿度，通过在内蒙古自治区的实地验证，表明MODIS第7波段的反射率与地面湿度之间有较好的线性关系，可见利用MODIS数据进行大面积土壤湿度监测是可行的。宋小宁等选择不同退化程度的草地为研究对象，应用MODIS可见光波段（0.66μm）、近红外波段（0.86μm和1.24μm），提取修正的土壤调整植被指数（MSAVI）和归一化植被水分指数（NDWI）。再利用2个热红外波段（8.6μm和11μm）反演植被冠层温度。通过分析三者之间的耦合特征，提出了反映植被水分状况的综合植被水分指数。该指数能够有效地反映地表植被的水分状况，进而可以推断区域的土壤水分状况。

2）草地土壤温度的测定

随着温度的升高，陆地表面发射的总辐射能也迅速地增加。并且，地面物体温度的变化也影响物体的发射光谱组成。很多传感器像TM、ETM+、NOAA/AVHRR、MODIS等都设计有对温度敏感的热红外波段，成为我们监测地表温度的有效途径。地面实际调查数据与图像光谱数据结合建模，便可反演地表温度。韩秀珍曾在利用MODIS数据反演地表温度方面做过研究。刘志武等利用ASTER数据研究新疆维吾尔自治区阿瓦提县的陆面温度，取得了比较理想的结果。在内蒙古自治区锡林郭勒盟典型草原区，宋小宁等利用MODIS的热红外波段，估测基于亚像元尺度的植被/土壤组分温度，认为此种方法误差小，精度较高。郭广猛等以内蒙古自治区东北地区为例，采用简单的统计方法和神经网络方法，利用MODIS数据进行了地表温度的反演。崔彩霞等利用MODIS数据对塔克拉玛干沙漠地表温度进行了反演。

面对目前我国草地退化的严峻形势，深入了解草地退化状况有利于更好地指导畜牧业生产活动，更有效地利用、管理和保护草地资源。3S

技术为我们大面积、快速、准确地评价和监测草地退化的现状与动态提供了有力的手段，大量研究结果表明，利用3S技术对退化草地进行诊断是可行的，且有着传统方法所无法替代的优势。

二、评估方法及流程

(一) 数据采集

1.地面调查

基于研究区域行政区划图、草地类型图制定采样路线，研究区范围内进行数据采集。设计具有代表性的样地，覆盖整个研究区的地形、植被状况、土壤状况等相关信息。样地利用GPS定位，每个样地做3个面积为1m×1m样方，具有灌丛的草地做10m×10m的样方。样地调查的主要内容包括：植被盖度、优势草群高度、地上生物量、群落组成、裸地面积、地下生物量、土壤养分、土壤容重、虫口密度、鼠洞密度，同时记录样地的经纬度、海拔、坡度、草地类型等。地上生物量用收割法测定，称取鲜重后在恒温箱内用65℃烘24h至恒重，称取干重，植被盖度采用针刺法测定。

2.遥感数据

MODIS卫星传感器是美国对地观测系统EOS计划中的主要传感器之一，在气候变化、环境监测等领域得到了广泛的应用。而MODIS归一化指数（NDVI）是应用最广泛的MODIS植被指数产品，有研究结果表明，NDVI与草地地上生物量、植被盖度有密切的关系。因此，选取地面调查期间MODIS数据，进行BOWTIE处理、大气校正、几何校正等预处理，提取NDVI植被指数。

(二) 数据处理

1.信息源与数据分析软件

收集研究区域的畜牧业、植被等资料和研究区域的行政区划图、草地类型图等。选取与采样期间准同步的遥感影像（MODIS或TM影像），用PCI软件提取地上生物量和植被盖度信息。行政区划图扫描后，通过ArcGIS软件，得到矢量化的行政区划图。将非草地剔除，将野外GPS定位数据通过 ArcGIS 软件进行空间化和投影变换,生成 Shapefile 矢量文件。对调查的植被状况、土壤状况、干扰状况、生态服务建立相应的数据库,进行空间插值,按照指标分级标准重分类,形成相应指标图,并进行面积统计。

2.遥感图像处理

MODIS 数据具有资源免费、波段范围广、数据更新快等特点为众多行业所接受。MODIS 数据适合大面积范围的遥感应用,是草地监测工作中经常使用的遥感数据,可用于监测草地植被生长状况、生产力、土壤温度与湿度等。目前主要利用 MODIS 的 1 波段、2 波段数据,第 1 波段为红外,第 2 波段为近红外;这 2 个波段分辨率较高,达 250m,利用这 2 个波段可以直接计算采用的植被指数。

3.植被指数提取

植被指数(Vegetarian Index,缩写为 VI)是根据绿色植物光谱的反射特征,利用以近红外和红外波段为主的多个波段遥感数据,经过运算而得到的一些数值,这些数值能反映植物生长情况,是一组最常用的光谱变量。植被指数类型颇多,常用于草地遥感的有 RVI、EVI、NDVI 等植被指数。在植被遥感中,NDVI 的应用最为广泛,其计算公式如下。

$$NDVI = \frac{DN_{NIR} - DN_R}{DN_{NIR} + DN_R}$$

式中 NDVI 是归一化植被指数,DN_{NIR} 是近红外波段,DN_R 是红外波段。提取植被指数的流程:第一,输入遥感影像;第二,据指数计算公式,在建模工具里对图像不同波段进行波段计算;第三,生成植被指数影像文件。

4.地上生物量估产模型的建立

MODIS 图像的植被指数与地面实测的地上生物量数据有较好的匹配关系和同步性,所以用来建立地上生物量估测模型。利用 MODIS 影像提取 NDVI,并匹配以同期的植被调查数据,用 SPSS 构建地上生物量估测模型。

5.植被盖度模型的建立

NDVI 长期以来被用来监测植被变化情况,也是遥感估算植被盖度研究中最常用的植被指数,在使用遥感图像进行植被研究中得到广泛应用,它是植被生长状态以及植被空间分布密度的最佳指示因子,与植被分布密度呈线性相关。利用 MODIS 影像提取 NDVI,并匹配以同期的植被调查数据，用SPSS软件构建植被盖度估测模型。

（三）退化草地诊断与分级

草地退化从量的角度看不仅表现在草地生物量的降低，还体现在植被盖度的下降，基于中华人民共和国国家标准 GB 19377—2003《天然草地退化、沙化、盐渍化的分级指标》，根据研究区草地现状拟定适合于研究区的退化程度分级标准，其内容包括草地植被的影响、草地生态环境方面的变化、草地退化原因（超载过牧、过度利用、气候环境）、草地改良和效果、监测诊断技术等方面。

第五章　退化草地的治理技术与方法

第一节　围栏封育与禁牧休牧

一、草地围栏封育的好处

所谓草地围栏封育，就是在对某块草地暂时封闭一个时期，不进行放牧或割草。其目的在于给牧草提供一个休养生息的机会，使牧草积累足够的贮藏营养物质，逐渐恢复草场生产力，并使牧草有进行种子或营养繁殖的时间，促进草群自然更新。

草地围栏封育已成为国内外培育天然草地的一种行之有效的措施。一方面，它比较简单而又经济，不需要过多投资；另一方面，在短期内就能收到明显的效果。如内蒙古自治区鄂尔多斯市封育一块退化草地后，其草群种类成分发生显著变化（表5-1）。

表5-1　封育和未封育草地草群结构变化比较表

经济类群	主要代表植物	封育草地		未封育草地	
		干重/$g \cdot m^{-2}$	占草群总重/%	干重/$g \cdot m^{-2}$	占草群总重/%
禾本科牧草	芦苇	168.0	42.7	31.9	6.0
豆科牧草	细齿草木樨	136.2	34.6	—	—
杂类草	委陵菜	5.7	1.4	16.4	3.1
苔草	中亚苔草	72.8	18.5	33.3	6.3
毒害草	醉马草	11.0	2.8	448.0	84.6

由表5-1可以看出，封育草地的禾本科牧草和豆科牧草成分都有增加，毒害草数量大大减少。未封育的草地中禾本科牧草数量少，豆科牧

草几乎没有，而毒害草丛生。

二、草地围栏封育的方法

草地围栏封育的关键在于建立围栏。所谓围栏就是把一定面积的草地用障碍物围起来，形成明显的界限，并且能够起到保护作用。围栏材料可因地制宜，以牢固耐用为原则。目前，生产上所建立的围栏有多种，常见的有刺线围栏、网围栏、电围栏、石墙围栏、沟围栏和生物围栏等。

（一）刺线围栏

这种围栏在世界各地都很普遍，我国在前几年也多采用此围栏方法，特点是坚固耐用，使用年限长，所用材料主要是刺线和支持刺线所用的桩子。对刺线的技术要求是：①每千米长质量为150～170kg；②每米长度内的刺数为8~10个；③每米长度内主线的转轴是7～8转；④每米的抗张强度不低于500kg；⑤所用的桩子一般为木桩、钢筋混凝土桩和角铁桩等，桩距一般为4～6m，桩入土深度不少于50cm；⑥刺线一般为6～7道，围栏高为1～1.1m，一般最低一道刺线离地面不超过20cm；⑦刺线用18号~24号细铁丝按一定间距绑扎在桩上即可。

（二）网围栏

这种围栏在国外使用相当普遍，近年来在我国也大量使用这种围栏。常见的网围栏为编织网，是专门的生产厂用机器或人工将纬线（横线）和经线（纵线）用扣结连接在一起的金属丝网。目前网围栏编织网主要规格有：①纬线根数为4、5、6、7、8、9；②网宽尺寸为70cm、80cm、90cm、100cm、110cm；③经线间距为15cm、30cm、60cm。我国目前常用的规格是：纬线为7～8根，网宽为100～110cm，经线间距为15～30cm。

特点是安装简便，只需要将编织网固定在桩上即可，桩的要求同上。

（三）电围栏

这种围栏目前尚未普遍使用，但效果很好，很有发展前途。目前使用的主要是太阳能电围栏。它主要由太阳能电池、蓄电池、脉冲器和围栏线组成。太阳能电池板相当于一个发电设备，是一种直接将太阳能转化为电能的半导体器件。脉冲器的作用是将直流电变成高压脉冲电输到围栏线上。它能将220V的普通电流转变为5000V的断续的高压电流，牲畜碰到围栏线即可短时间触电，并因恐惧而不再靠近围栏线。电围栏对牛、马效果很好，而对绵羊效果差一些。

（四）生物围栏

这种围栏目前尚未普遍使用，但如果使用得当，效果会很好。一般是沿划好的围栏界限带状种植柠条、沙棘、梭梭、沙拐枣、榆树等有保护作用的植物，用这些植物形成一个天然生物保护带。生物围栏既能起到草地围栏改良的作用，又能改善小气候，同时植物的枝叶又可作为家畜的饲料，在有条件的地区值得提倡。生物围栏一般高为1.5~2m。

（五）石墙围栏、沟围栏等

优点是就地取材，成本低；缺点是使用年限短。一般高为1.1～1.3m。

三、围栏封育期内应采取的其他措施

单一的围栏封育措施虽然有良好的效果，但若与其他培育措施相结合，其效果会更为显著。单纯的封育措施只是保证了植物的正常生长发育的机会，而植物的生长发育还受到土壤透气性、供肥能力、供水能力的限制。因此，要全面地恢复草地的生产力，最好在草地封育期内结合采用综合培育改良措施，如松耙、补播、施肥和灌溉等，以改善土壤的通气状况、水分状况，个别退化严重的草地还应进行草地补播。

四、草地禁牧意义及解牧依据

治理退化草地，保障生态安全的新战略，必须根据实际情况，在不同的地区实行不同的保护草地和恢复植被与土壤的方法。禁牧、休牧是最简单、最经济和最有效的保护和培育草地的措施。

（一）禁牧的意义

禁牧就是对草地实行长期围封，严禁放牧利用。为了迅速恢复草地植被，发挥其水源涵养、水土保持、防沙固沙、压碱退盐、保护生物多样性、养育野生动物等重要的生态环境功能，应在水源涵养区、防沙固沙区、严重退化区、生态脆弱区、特殊生态功能区实行永久围封禁牧。

禁牧可以使植被在自然状态下迅速恢复，中度退化的草地禁牧3～4年后，牧草的产量就可接近退化前的水平，禁牧7～8年，产量可能不再增加，但植被的植物学成分尚不能恢复原始的状态。为了使草地彻底恢复，尤其是突然遭到破坏的草地，还应使草地继续休养生息，恢复土壤，增强自然生态力，这就需要更长的禁牧时间。此外，禁牧也是生态灭鼠、保护草地的有效方法之一。

（二）解除禁牧时的主要依据

一般以初级生产力和植被盖度作为解除的主要依据。根据具体情况，当上一年度初级生产力最高产量超过600kg干物质/hm²，生长季末植被盖度超过50%时，可以解除禁牧。也可用当地草地理论载畜量作为参考指标，当禁牧区年产草量超过该地理论载畜量条件下家畜年需草量的2倍时，可以解除禁牧。解除禁牧后，宜对草地实施划区轮牧或休牧。

五、草地休牧的含义及意义

（一）草地休牧的含义

休牧是一种科学的草地培育措施，指在一定的时期内不利用草地，让草地植物休养生息，恢复草地生机，提高牧草产量。休牧按时间的长短可分为短期的季节性休牧和长期的年度休牧2种方式。在一年内一个季节休牧或整个生长季休牧称季节性休牧。连续休牧2～3年或更长称为长年休牧。不管短期休牧还是长期休牧，都可以增加草地植被的盖度、密度、高度，可以明显提高牧草产量。长期休牧还可以改善草地植物学成分，增加优良牧草产量，减少毒害草和杂草比例，提高牧草的质量。在水热和土壤条件较好的草地，长年休牧后，牧草产量一般不再增加，可以不施行全年完全休牧。[1]

---

[1]赵哈林．恢复生态学通论[M]．北京：科学出版社，2009．

（二）草地休牧的意义

春季和秋季休牧可以使牧草在春季和秋季的危机期避免放牧的危害，有利于春季返青期牧草的生长和秋季牧草地上部分向根部输送贮藏的营养物质，以供第二年春季牧草再生之用。退化草地生机衰退的主要原因就是长期在牧草的春季和秋季危机期过度利用，多次采食，牧草不能利用茎叶进行光合作用制造营养物质用于生长，被迫大量消耗根部贮藏的营养物质，损害了优良牧草的生机。

在草地过度利用情况下，牧草得不到开花结实的机会，影响牧草的有性繁殖和草地更新。在休牧的情况下，优良牧草就能开花结实，进行有性（种子）繁殖。由于有性繁殖的后代比无性繁殖的后代生活力要强，表现为能更好地适应不良条件，生长发育快，株体高大，对杂草竞争力强等，因而优良牧草就会逐渐茂盛，产量也就相应提高了。

长期休牧可以改变草地不良的生境条件。退化草地由于家畜过度啃食牧草和践踏草地，使植被稀疏、地面裸露、土壤紧实。在这种情况下，土壤水分蒸发加强，通气性和透水性变差，从而引起风蚀、水蚀等水土流失现象。因此，中度以上的退化草地都应给予长期休牧。

第二节　草地松耙与退化补播

退化草地土壤变得紧实，土壤的通气和透水作用减弱，微生物的活动和生物化学过程降低，直接影响牧草水分和营养物质的供应，因而使优良牧草从草层中衰退，降低了草地的生产力。为了改善土壤的通气状况，加强土壤微生物的活动，促进土壤中有机物质分解，必须对退化草地进行松土改良。[①]

一、划破草皮

（一）划破草皮的作用

所谓划破草皮是在不破坏天然草地植被的情况下，对草皮进行划缝

---

①孙吉雄. 草地培育学[M]. 北京：中国农业出版社，2000.

的一种草地培育措施。通过划破草皮可以改善草地土壤的通气条件，提高土壤的透水性，改进土壤肥力，提高草地生产能力。青海省铁卜加草原改良试验站1963—1964年在高寒草原的河谷阶地细嵩草、杂草的冬春牧场上，在植物萌发期用无壁犁划破草皮，两年平均产量比未划破草皮地增产48.1%。在美国黏重土壤上划破草皮改良，使蓝茎冰草的数量增加173%，牧草产量增加44%。划破草皮能使根茎型、根茎疏丛型优良牧草大量繁殖，生长旺盛；还有助于牧草的天然播种，有利于退化草地的自然复壮。除上述明显好处外，划破草皮还可以调节土壤的酸碱性和减少土壤中有毒、有害物质。这是因为土壤通气条件的改善，抑制了厌气微生物，而使好气微生物活跃起来。

（二）划破草皮的方法及效果

选择适当的机具是进行划破草皮时很重要的一项工作。在小面积草地上，可以用畜力机具划破。而较大面积的草地，应用拖拉机牵引的特殊机具（无壁犁、燕尾犁）进行划破。划破草皮的深度应根据草皮的厚度来决定，一般以10~20cm为合适，行距以30~60cm为宜。划破的适宜时间，应视当地的自然条件而定，有的适宜在早春或晚秋进行。早春土壤开始解冻，水分较多，易于划破。秋季划破后，可以把牧草种子掩埋起来，有利于来年牧草的生长。

划破草皮的方法不是所有的退化草地都适合采用，应根据草地的具体条件来决定。例如，一般寒冷潮湿地区的草地，因放牧不重，还未形成絮结紧密的生草土层，所以不必划破。在那些又干又热的地区，如河西走廊的平地及内蒙古自治区西部某些地区，更不可采用划破草皮的方法。因为在这样气候条件下，划破草皮会加快土壤水分蒸发，不利保墒，且破坏牧草的地下部分，反而会使牧草产量降低，甚至造成风蚀。

划破草皮应选择地势平坦的草地进行。在缓坡草地上，应沿等高线进行划破，以防止水土流失。

二、耙地

耙地是改善草地表层土壤空气状况的常用措施，是草地进行补播改良和更新复壮的基础作业。

（一）耙地的作用

清除草地上的枯枝残株，以利于新的嫩枝生长。草地丛生禾草每次形成的新枝均位于株丛的外围，株丛中央往往被枯死的茎叶充塞，这些枯死的残株影响新枝的产生与生长，年复一年，在草地中形成了中央秃的环状株丛，从而降低了草地的产草量。耙地可以消除这些残株，有利于丛生禾草新枝的形成。此外，耙地还能促进根茎型草类的再生。

松耙表层土壤，有利于水分和空气的进入。草地生草土中含有大量已死草类的根和根茎，它们充塞土壤空隙，使土壤紧实，通气性和渗水性变差。耙地可切碎生草土块，疏松土壤表层，改善土壤的物理性状。

减少土壤水分蒸发。耙地可将土壤的毛细管切断，减少地表土壤的蒸发作用，起到松土保墒作用。

消灭杂草、匍匐型植物和寄生植物。

有利于天然植物落下的种子和人工补种的种子入土出苗。疏松的表层给牧草种子的萌发生长创造了良好的生长条件。

（二）耙地对草地的不良影响

耙地虽然对草地有良好作用，但也有不良影响。耙地能直接将许多植物拔出，切断或拉断植物的根系，使牧草受到损伤。耙地的同时会将牧草株丛中覆盖的枯枝落叶耙去，导致这些牧草的分蘖节和根系暴露出来，使其失去保护覆盖层而在夏季旱死或冬季冻死。

在土壤较为紧实的草地耙地，只能疏松土表以下3～5cm的土壤，因此不能根本改变土壤的通气状况。因此，耙地若进行不当，不但起不到改良的作用，反而会使草地的生产力下降。

（三）草地耙地改良的方法

耙地的效果好坏决定于多种因素，如耙地的时间、耙地的工具、草地的类型等。

1.耙地的时间

耙地的时间最好在早春土壤解冻2～3cm时进行，此时耙地一方面可以起保墒作用，另一方面春季草类分蘖需要大量氧气，耙地松土后土壤中氧气增加，可以促进植物分蘖。

割草地的耙地时间依割草次数而定，通常一年割一次的草地，耙地必须在割草后进行。一年割两次的草地，耙地应在第一次或第二次刈割之后立刻进行，因为此时禾本科牧草在分蘖节上正在生长新枝和形成新的分蘖芽，此时特别需要氧气。另外，干燥炎热季节已过，不会发生因耙地裸露根颈而旱死。在有积雪的干旱草地上秋耙有利于蓄渗雪水，耙地可在秋季进行。就总体而论，早春是耙地的最佳时间，秋季虽可耙地，但改良效果不如春耙明显。

2.耙地的工具

耙地的机具和技术对耙地效果影响较大，常用的耙地工具有2种，分别为钉齿耙和圆盘耙。钉齿耙的功能在于耙松生草土及土壤表层，耙掉枯死残株，刮去苔类；圆盘耙耙松的土层较深（6～8cm），能切碎生草土块及草类的地下部分，因此在生草土紧实而厚的草地上，使用缺口圆盘耙耙地的效果更好。在土质较为疏松的荒漠和半荒漠草地上多采用松土机进行松土。

3.适宜耙地的草地类型

这里的草地类型主要是指草地上主要植物的生活型，它对耙地效果起决定作用。一般认为以根茎状或根茎疏丛状草类为主的草地，耙地能获得较好改良效果，因为这些草类的分蘖节和根茎在土中位置较深，耙地时不易耙出或切断根茎，松土后因土壤空气状况得到改善，可促进其营养更新，形成大量新枝。以丛生禾草和豆科草为主的草地，因为耙地对这些草损伤较大，尤其是一些下繁草，如早熟禾、羊茅等受害更大，耙地往往不能得到好的效果。匍匐型草类、一年生草类和浅根的幼株会因耙地而死亡。以密丛禾本科草和苔草为主的草地，耙地通常没有效果或效果不好。耙地最好与其他改良措施（如施肥、补播）配合进行，可获得更好的效果。

三、补播牧草的选择及处理

因为补播是在不破坏草地原有植被的情况下进行的，补播牧草要具有与原有植物进行竞争的能力才能生存下去。因此，要补播成功，除了要为补播的牧草创造一个良好的生长发育条件外，还应选择生长发育能力强的牧草品种，以便克服原有植物对它们的抑制作用。

（一）补播牧草种类的选择

选择补播牧草种类应从以下几方面考虑。

牧草的适应性。最好选择适应当地风土气候条件的野生牧草或经驯化栽培的优良牧草进行补播。一般来说，在干草原区补播应选择具有抗旱、抗寒和根深特点的牧草；在沙区应选择超旱生的防风固沙植物；局部地区还应根据土壤条件选择补播种牧草种类，如盐渍地应选耐盐碱性牧草。

选择的补播牧草种类还应从饲用价值出发，选适口性好、营养价值和产量较高的牧草进行补播。

根据不同的利用方法选择不同的株丛类型，如割草应选上繁草类、放牧应选下繁草类。这是因为各种牧草对不同的利用方式有不同的适应性。

以上对于补播牧草种类应以牧草的适应性为主，是决定补播牧草能否在不利条件下定居的关键因素。如下为一些可供补播用的牧草种类。

草甸草原和森林草原上补播的牧草有羊草、无芒雀麦、鸭茅、猫尾草、草地早熟禾、溚草、牛尾草、披碱草、老芒麦、黄花苜蓿、各种三叶草、紫花苜蓿、山野豌豆、广布野豌豆、白花草木樨和斜茎黄芪等。

干旱草原上补播的牧草有羊茅、羊草、冰草、溚草、硬质早熟禾、杂花苜蓿、锦鸡儿、木地肤、冷蒿、兴安胡枝子等。

荒漠草原地区适合补播的牧草有沙生冰草、芨芨草、驼绒藜、木地肤等。

在沙质荒漠地区适宜补播的牧草有沙竹、沙蒿、沙拐枣、柠条、花棒（细枝岩黄芪）、三芒雀麦、沙柳、沙生冰草、草木樨等。

（二）补播牧草种子的处理

处理种子的主要目的是提高补播质量和种子的发芽率。野生及新收获的牧草种子无论在天然或人工栽培条件下，其萌发能力都比较低。这是因为收获的野生牧草种子还没有完全达到正常的生理成熟，从种子成熟到种子生理成熟的后熟期或休眠期，对多年生牧草而言短的需要30~45天，长的需要60~120天。另一方面很多禾本科牧草种子有芒，很多豆科牧草种子硬实率高。这些特点影响补播质量和发芽率。在种子播前要经过清选、去芒、破种皮、浸种等处理，以保证牧草播种质量和发芽率。在生产实际中有时对补播牧草种子进行一些特殊处理，如种子包皮、种子丸衣等，增加种子重量和所需的养分，以便进行大面积飞机播种。

四、补播技术要求

（一）播床准备

一般来说，天然草地土壤是紧实的，表面播种不易成功，因种子不易入土。因此，在补播前播床要松土和施肥。松土机具一般用圆盘耙或松土铲。作业时，松土宽度不低于10cm，松土深度为15～25cm。松土原则上要求地表下松土深度越大越好，而地表面开沟越小越好。这样有利于牧草扎根，同时增加土壤的保墒能力，改善土壤的理化性状。

但在实际生产中，大面积的天然草地补播一般很少用机具进行松土，所以选择适宜的补播地就成为补播成败的主要因素。根据2007年四川省草原科学研究院在四川省红原县安曲乡实施的"红原草地资源社区管理项目"的补播效果看，严重退化的草地不适宜直接补播，因为退化严重的草地植被覆盖度低，水分蒸发量大，土壤紧实，立地条件差，不利于新补播的种子出苗、扎根、生长。土层较薄的河滩地也不宜直接进行补播。在土层深厚能避风的中度退化草地可直接进行补播，效果良好。①

（二）补播技术

1.补播时期

选择适宜的补播时期是补播成功的关键。确定补播时期要根据草地原有植被的发育状况和土壤水分条件。原则上应选择原有植被生长发育最弱的时期进行补播，这样可以减少原有植被对补播牧草幼苗的抑制作用。由于在春季和秋季牧草生长较弱，所以一般都在春季和秋季补播。如新疆维吾尔自治区北疆地区草地，春季正是积雪融化时，土壤水分状况好，也是原有草地植被生长最弱时期。但我国大多数草原地区冬季降雨不多，春季又干旱缺雨，风沙大，春季补播有一定困难，从草地植被生长状况和土壤水分状况出发，以初夏补播较为适合。因为此时植物非生长旺盛，雨季又将来临，保证土壤水分充足，补播成功的希望较大。

总之，具体补播时期要根据当地的气候、土壤和草地类型而定，可

①王德利，郭继勋. 松嫩盐碱化草地的恢复理论与技术[M]. 北京：科学出版社，2019.

采用早春顶凌播种、夏秋雨季或封冻前"寄子"播种。

2.补播方法

采用撒播和条播2种方法。撒播可用飞机撒播、骑马撒播、人工撒播，或利用羊群撒播。若面积不大，最简单的方法是人工撒播。在沙地草场，利用羊群补播牧草种子也是一种在生产上比较实用的简便方法。如内蒙古自治区有的地区用废罐头盒做成播种筒挂在羊脖子上，羊群边吃草边撒播种子，边把种子踏入土内。据试验，数量为200只的羊群，一半挂上播种筒，放牧5km，每天可播种12hm²。

大面积的沙漠地区或土壤基质疏松的草地可采用飞机播种。飞机播种速度快，面积大，作业范围广，适合于地势开阔的沙化、退化严重的草地和黄土丘陵，利用飞机补播牧草是建立半人工草地的最好方法。

用飞机补播应采取以下技术措施：①补播区应选择在沙地、严重退化的大面积草地，做到适地、适草、适时播种；②飞机撒播的种子一定要事先经过种子处理，防止种子位移，最好把小粒种子制成丸衣种，种子外面的丸衣成分是磷肥和微量元素等含多种养分的种丸；③播区要有适于飞机撒播草种发芽成苗和生长的自然条件，降水量最少在250mm以上，或有灌溉条件，土层厚度不小于20cm。

飞机撒播后应加强草地管理，落实承包权，当年禁止利用。

条播主要是机具播种，目前国内外使用的草地补播机种类很多。如美国"约翰·迪尔"生产的条播机，可以直接在草地上播种牧草。澳大利亚在弃耕地上补播，常用圆盘播种机和带锄式开沟器的条播机。目前，我国成批生产的牧草补播机有青海省生产的9CSB-5型草原松土补播机，它能一次同时完成松土、补种、覆土、镇压等工序。还有其他省、区生产的草地补播种机，如9MB-7牧草补播机和9BC-2.1牧草耕播机。

3.补播牧草的播种量和播种深度

种子播种量的多少决定于牧草种子的大小、轻重、发芽率和纯净度，以及牧草的生物学特征和草地利用的目的。一般禾本科牧草（种子用价为100%时）常用播种量为每公顷15～22.5kg，豆科牧草的播种量为每公顷7.5～15kg。种种原因可能导致草地补播出苗率低，所以可适当加大播种量50%左右，但播种量不易过大，否则对幼苗本身发育不利。

播种深度应根据草种大小和土壤质地决定。在质地疏松的较好的土壤上可播深些，黏重土壤上可播浅些；大的牧草种子可播深些，小的种子可播浅些，一般牧草的播种深度不应超过 3 ~ 4cm，各种牧草种子间应有区别，如苜蓿、草木樨等为 2 ~ 3cm，无芒雀麦和羊草为 4 ~ 5cm，冰草为 1~2cm，披碱草为 3~4cm，牛尾草和斜茎黄芪为 0.5 ~ 1cm。有些牧草种子很小，如红车轴草、看麦娘、木地肤等，可以直接撒播在湿润的草地上而不必覆土。

牧草播种后最好进行镇压，使种子与土壤紧密接触，利于种子吸水发芽。但对于水分较多的黏土和盐分含量大的土壤不宜镇压，以免引起返盐和土壤板结。

4.天然草地补播地的管理

目的在于保护幼苗的正常生长和恢复草地生产力。草原地区常常干旱，风沙大，严重危害幼苗生长。所以为了保护幼苗和保持土壤水分，常在补播地上覆盖一层枯草或秸秆，以改善补播地段小气候。考虑到补播的草地幼苗嫩弱，根系浅，经不起牲畜践踏，因此应加强围封管理，当年必须禁放，第二年以后可以进行秋季割草或冬季放牧。沙地草地补播后，禁放时间应最少在 5 年以上才能改变流沙地的面貌，而后才能成为生产草料基地。不论哪种补播草地，除必须做到上述管理措施外，还应注意防鼠、防病虫害，确保幼苗不受危害。

第三节　杂草防除与草地施肥

在草地上，除了可供家畜利用的饲用植物以外，往往还混生一些家畜不食或不愿食的，甚至对家畜有害或有毒的植物。在草原管理中，这些家畜不食的和有毒、有害的植物，统称为草地杂草。

一、防除杂草的意义

在天然草地上，杂草不仅占据着草地面积，消耗土壤中的水分和养分，排挤优良牧草的生长，使草地生产能力和品质下降，而且当其数量达到一定程度时，会造成家畜误食而中毒死亡，给畜牧业生产带来损失。

此外，天然草地由于利用不充分，有些地方保留了大量的老草，陈草逐年积累混杂在草群中妨碍草类的生长及再生，同时也影响家畜采食鲜嫩草，降低了草地利用率。因此，防除毒害草和积累过多的部分老陈草，是草地培育改良的一项重要任务。①

二、草地主要有毒植物

有毒植物在自然情况下，以青草或干草形式被家畜采食后，对家畜的正常生命活动产生影响，从而引起家畜生理上的异常现象，甚至因此而导致家畜死亡。

有毒植物造成家畜中毒是由其所含的某些有毒物质引起的。这些有毒物质主要是生物碱类、配糖体类、挥发油、有机酸、皂素、毒蛋白、内脂、光能效应物质和单宁等。家畜采食有毒植物后，一般影响到中枢神经系统的活动。常见的中毒症状是呕吐、腹痛、痉挛、四肢麻痹、呼吸困难、心跳加快、丧失知觉、尿和粪中带血、流涎、食欲废绝、流产等。

应当指出，随年龄和外界环境条件的不同，植物所含毒物及毒害作用也不相同。另外，植物有毒物质对不同的家畜种类、年龄和个体等的毒害作用也不相同，如大花飞燕草对牛和马毒性很大，但对山羊无毒。

在正常放牧时，一般家畜都有辨别毒草的能力，不易发生中毒现象。在实践中发生中毒现象，多半是在早春放牧，此时牧草开始返青，家畜经过漫长的冬季，对刚返青的牧草特别贪吃，从而误食毒草。另外，刚从外地新购入的牲畜，对当地毒草鉴别力差，也易误食。

天然草地上的有毒植物种类很多，但在各地区分布及各科中的数量不平衡，有些科所含种数多，有些科所含种数少甚至没有。如毛茛科有55种毒草，豆科有19种，茄科有11种，百合科有8种，禾本科有8种，罂粟科、龙胆科、蓼科和十字花科有少量种，而莎草科中至今没有发现有毒植物。据资料统计，分布在山地草地上的有毒植物就超过了150种；在水分条件较好的草甸和森林草原地带有160多种；在较干旱的典型草原地带有90余种；而在荒漠草原和荒漠地带仅有40多种。

天然草地上常见的主要有毒植物包括毛茛科的毛茛、北乌头、白头翁、大花飞燕草，茄科的天仙子、龙葵、曼陀罗、颠茄，豆科的小花棘豆、变异黄芪、披针叶黄华、苦参、苦马豆、沙冬青，伞形科的毒芹，

---

① 王堃. 草地植被恢复与重建[M]. 北京：化学工业出版社，2004.

大戟科的大戟、狼毒大戟、泽漆、斑地锦、乳浆草、雀儿舌头，瑞香科的狼毒，罂粟科的白屈菜、紫堇、博落回，十字花科的大蒜芥、北美独行菜、遏蓝菜，杜鹃花科的兴安杜鹃、羊踯躅、照山白，禾本科的醉马草，百合科的藜芦，石竹科的麦仙翁，商陆科的商陆，夹竹桃科的夹竹桃、罗布麻、杠柳，麻黄科的麻黄，菊科的一枝黄花、千里光，天南星科的天南星，木贼科的问荆、木贼等。

三、草地有害植物

有害植物本身并不含有毒物质，但因植物体形态结构特点，能造成家畜机械损伤，降低畜产品品质；有的含有特殊物质，虽为家畜所采食而不中毒，但能使畜产品变质的均属有害植物。草地有害植物可分为以下几类。

（一）使乳品品质变坏的有害植物

如葱属植物能使乳品变得有异味，小酸模能使乳品发生凝固，猪殃殃属植物能使乳色变成粉红色，山萝花属、紫草科的勿忘草属等可使乳色变成蓝色或青灰色。

（二）降低肉品质量的有害植物

使肉变味、变色等，如十字花科的独行菜能使肉色变黄；豆科的沙冬青能使肉变味、变色。

（三）降低羊毛品质和刺伤家畜肌肤的有害植物

如有些植物种子上有刚毛、硬刺或黏液等，可钩挂羊毛造成损失，或附着在羊毛上，增加纺织工业的难度；有些带长芒刺的植物能刺伤畜体，如针茅属种子、苍耳、蒺藜、白刺花、鬼针草、龙芽草、黄刺玫等。

（四）使畜产品含毒的有害植物

这类植物对家畜本身无毒，但能使其畜产品含有对人体有毒的物质。

如山羊采食大戟科某些植物，山羊本身没有中毒现象，但人吃了其所产的奶，可引起中毒。

四、杂草防除措施及方法

有毒有害植物的生长不仅危害牲畜，而且同饲用植物争夺营养、光照和水分，妨碍优良牧草的生长发育，降低了草地的产量和质量。因此，对有毒有害植物要予以防除，防除有毒有害植物一般常用以下几种措施。

(一) 建立系统的管理制度

天然草地有毒有害植物的繁殖与它们的生态条件是分不开的。因此，必须建立一个完善的草地管理制度，综合防除，即采用合理利用方式、划区轮牧制度及封滩育草、草地施肥和灌溉等措施，为草地优良牧草创造良好的生长发育条件，抑制毒害草的生长，使其从种群中消失。如1980年开始在内蒙古自治区赤峰市巴林右旗西拉沐沦苏木乡的益和诺尔嘎查村进行引洪淤灌，使狼毒全部死亡。甘肃农业大学天祝高山草原生态系统试验站于1970年春对双子叶植物为主的高山草原进行连续漫灌，结果草群中毒害草于当年减少44.4%。在沼泽草地上进行排水，则使毛茛科、灯芯草科和伞形科等有毒植物的数量减少。

这种综合防除措施，虽然收效比较缓慢，却是行之有效的措施。

(二) 生物防除

生物防治是利用毒害草的"天敌"生物来除害草，而对其他生物无害。如利用昆虫、病原生物、寄生植物，以及选择性放牧等。美国在1946年采用双金叶甲在西部草原区防除一种有毒的植物贯叶连翘，并获得成功。选择性放牧就是利用某种家畜对某些植物的喜食性，组织它们反复重牧，耗竭有毒有害植物的生机，使其逐渐被清除。如飞燕草对山羊无毒害作用，因此在这类草生长多的地方可以有意识利用山羊反复重牧，等飞燕草减少后，可再放牧其他家畜。

有些植物在生长的某一阶段或某一季节无毒作用，对家畜不会造成危害，可以组织畜群在此期间放牧。如遏蓝菜种子虽然对家畜有毒，但生长早期植株不含毒素，因此可在种子成熟前适当利用；还有披针叶野决明和苦豆子等植物干枯后毒性消失或减少，可在干枯后适当放牧利用。

（三）机械除草

机械除草是利用人工和机具将毒害草铲除的措施。这种措施需要较多的劳动力，所以只适用于小面积草地。采用这种措施时，必须做到连根铲除，以免再生，还必须在毒害草结实前进行，以免种子散落传播。铲除毒害草同时可以与补播优良牧草相结合，效果更好。

（四）化学除草

化学除草利用化学药剂杀死毒害草植物的措施。凡能杀死杂草的化学药剂，在农业上统称为除草剂。化学除草是清除有毒有害植物最有效的方法，在农业生产和草地改良上已被国内外广泛应用。特别是近几十年来，国外草地改良的新技术之一就是应用除草剂清除毒害草，随后再播种优良牧草。因为化学除草比利用机械除草更经济和节省劳动力，见效快，不受地形限制，能防止土壤侵蚀，有利于水土保持。如果采用选择性除草剂，可使有价值的牧草不受损害。

美国在西部地区利用选择性除草剂 2，4-D 和 2，4，5-T 改良近 $1.0 \times 10^9 hm^2$ 草地，清除低产的蒿属植物，并补种优良牧草后，产草量提高了 5 倍，载畜量提高了 30%。我国在草地改良中，试用除草剂效果显著。

目前，广泛使用的除草剂为有机除草剂。有机除草剂种类很多，根据它们对植物的杀伤程度不同，分为选择性除草剂和灭生性除草剂 2 类。前者在一定剂量下，只对某一类植物有杀伤性，而对另一类植物无害或危害很小；后者在一定剂量下能杀死一切植物。

为了安全地、经济有效地使用除草剂，应注意以下事项。

（1）先进行小区试验，以便确定各种牧草对药液的敏感性、用药量和用药浓度。

（2）喷药时，应选择晴朗、无风或微风、温度适宜（以20℃左右为宜）的好天气。

（3）喷药时，要保证一定的空气相对湿度，喷药后，至少24小时无雨，否则重喷。

（4）喷药应在植物生长最快时或繁殖期进行，一般在幼苗期效果较好。

（5）喷药应注意风向和区内附近植物，防止伤害附近农田或其他不该伤害的植物。

（6）喷药后，要经过20～30天才能允许放牧利用，以免造成家畜中毒。

五、草地施肥与植物营养

施肥是提高草地牧草产量和品质的重要技术措施。合理的施肥可以改善草群成分和大幅度地提高牧草产量，并且增产效果可以延续几年。近几十年来，世界各国草地施肥面积不断扩大，理论上，每施0.5kg氮肥可以增产0.75kg，现在生产实际已达到增产0.5kg。试验证明，施氮、磷、钾完全肥料，每公顷增产牧草1095～2295kg，草群中禾本科牧草的蛋白质含量增加5%～10%。施肥还可以提高家畜对植物的适口性和消化率。例如施用硫酸铵能使草地干草中可消化蛋白质提高2.7倍，饲料单位利用率提高1.2倍。因此，为了保持土壤肥力，就必须把植物带走的矿物养分和氮素以肥料的方式还给土壤。

植物正常的生长发育不仅需要光、温度、空气和水，还需要从土壤和空气中吸收多种多样的营养元素。它们与水同时进入植物体内，并参与植物体内的新陈代谢作用和生物化学过程。这些元素称为植物的营养元素。在这些元素里，碳、氢、氧、氮、磷、钾、钙、镁、硫等，植物需要量较多，故称为大量元素；硼、锰、铜、锌、钼、铁、氯等，需要量小，称为微量元素。此外，硅等在植物营养中不直接起营养作用，但间接影响植物的生长，把它们称为有机元素。

植物的有机体主要是由碳、氢、氧元素构成的，占植物体总构成成分的95%左右，其他元素占5%左右。碳、氢、氧是从空气中得来的，其他元素主要是从土壤里吸收。但是，土壤中氮、磷、钾含量很少，需要靠施肥来补给，而且氮、磷、钾供应水平的高低对植物的生长发育、产量及品质的好坏具有重要作用。因此，称氮、磷、钾为肥料三要素。

在植物生长发育过程中，各种营养元素同等重要，不能相互替代。

植物正常生长除需要各种养料外，还需要一定的土壤反应。一般植物适应中性、微酸性和微碱性土壤，利于植物吸收水分和养分。土壤的微生物条件对植物的营养也起到了重要作用，通过施肥调节土壤环境条件，活化土壤的有益微生物，抑制有害微生物活动。另外，可以增施微生物肥料，加强土壤有益微生物的活动，如播种豆科牧草时，可以接种根瘤菌剂。

六、草地施肥技术与特点

草地在合理施肥的基础上，才能发挥肥料的最大效果。肥料的种类很多，其性质与作用都不同，如何进行合理施肥，发挥肥料的效果，这取决于牧草种类、气候、土壤条件、施肥方法和施肥制度。

（一）施肥前应先了解肥料的种类、性质

草地上施用的肥料包括有机肥料、无机肥料和微量元素肥料，应根据肥料的性质进行施肥。

有机肥料是指人畜代谢物和各种有机体腐蚀物，是一种完全肥料，不但含有氮、磷、钾三要素，而且含有微量元素。草地施用有机肥料，不但可以满足植物对各种养分的需要，而且有利于土壤微生物的生长发育，从而改善土壤的理化性状，有助于土壤团粒结构的形成。有机肥料的不足之处是效果迟缓，但来源广泛，能就地取材，价格低，主要作为基肥使用。

无机肥料也叫化学肥料或矿物质肥料。不含有机质，肥料成分浓厚但不完全，主要成分能溶于水，易被植物吸收利用，一般多作为追肥施用。

植物生长发育需要的微量元素主要是硼、钼、铜、锌、钴和稀土元素等。微量元素是植物生长发育不可缺少、不可代替的元素。因此，微量元素在草地施用特点是用量小而适量。科学实验和生产实践证明，如果土壤中某一微量元素不足时，牧草就会出现一种缺乏病状，反之，若土壤中某一微量元素过多时，牧草就会出现中毒病状。微量元素一般用于浸泡、叶面喷雾和根外追肥。

（二）应根据牧草需要养分的时期，也就是生长发育的不同时期施肥

在植物生长的前期，特别在分蘖期施肥效果较好，能促进植物生长。施肥时要区别牧草种类和需肥特点，一般禾本科牧草需要多施些氮肥，

豆科牧草需要多施些磷肥和钾肥。豆科、禾本科混播草地应施磷肥和钾肥，可不施氮肥。

(三) 依据土壤供给养分的能力和水分条件进行施肥

土壤对养分供应能力同气候、微生物和水分条件密切相关。如气候温暖时，土壤中硝化细菌等微生物活跃，对氮素供应就多。

土壤中水分的多少决定施肥效果，影响植物对肥料的吸收和利用。水分少时，化肥不能溶解，植物无法吸收利用，有机肥也不能被分解利用。水分过多也不好，易造成养分流失。

依据施肥技术要求和肥料的性质，采用合理的施肥方法才会收到良好的效果。一般施肥方法包括基肥、种肥、追肥。基肥是在草地播种前施入土壤中的厩肥、堆肥、人粪肥、河湖淤泥和绿肥等有机肥料的某一种，目的是供给植物整个生长期对养分的需要；种肥是以无机磷肥、氮肥为主，采取拌种或浸种方式在播种同时施入土壤，其目的是满足植物幼苗时期养分的需要；追肥是以速效无机肥料为主，在植物生长期内施用的肥料，其目的是追加补充植物生长的某一阶段出现的某种营养的不足。

各类草地以其形成和利用方式不同，各具有一定的施肥特点。

冲积地草地土壤中总体各种营养物质的含量较为丰富，相对而言含磷、钾较多，而含氮较少。因此，这类草地施肥效果较好，对其他肥料的反应较弱。

坡地和岗地草地养分易随地下水流失，加之土壤干燥，氮的含量低，磷和钙也不足，这类草地施有机肥效果最好，无机肥以氮、磷、钙等肥料效果较好。

水泛地草地土壤中各种营养物质总含量较为丰富，因而对各种肥料的反应较弱，通常施氮肥有较好效果。

放牧地的施肥应在每次放牧后进行。如以禾草为主的放牧地在春季放牧后施以全肥，即每公顷30～45kg氮、30～45kg五氧化二磷、30～45kg氧化钾；在第二次、第三次放牧后，每公顷各施氮肥30～45kg。

在天然放牧地因经常有家畜粪便等排泄物及分解的残草有机物，多数放牧地不缺营养物质，因此一般也不施肥。但利用过度、退化严重的个别放牧地需要结合其他改良培育措施进行施肥。

第四节 免耕种草与卧圈种草

一、免耕种草的意义

川西北高寒牧区位于青藏高原东缘,气候恶劣,牧草生长期短,枯草期长达7个月之久,冬春缺草成为畜牧业面临的主要矛盾。长期以来,牧民靠天养畜,建立打草地,一直沿袭农业上的翻耕。实践证明,在生态极其脆弱的高寒草地,翻耕后植被很难恢复,而且表土极易发生风蚀,造成沙化或形成砾石滩。因此,研究分户经营条件下加强生态环境保护,建立打贮草基地,开展免耕种草实用配套技术已显得十分必要。[1]

二、免耕种草的技术

(一)免耕种草的地面处理技术

在天然草地上开展免耕种草,清除地面原有植被是关键,用化学除草剂简单易行。四川省草原科学研究院研究发现,用农达0.2g/m²+克无踪0.2g/m²处理15天效果较好,可以将92.7%~96.3%的地面植物杀灭。进行部分清除,采用97-1除杂剂,以0.3g/m²~0.35g/m²的剂量可清除地面92%的双子叶植物,而保留禾本科等优良牧草,同时还能抑制莎草科植物生长。

(二)疏松地表层

在退化草地上进行免耕种草,即将地面植被清除后,因地表致密的草皮层仍无法播种,必须疏松地表层。实践证明,无论采用人工还是机械疏松表层土,对牧草的出苗和产量的影响都极大,出苗率比未疏松草地平均提高49.7%,株高和产草量也分别比未疏松草地高74.5cm和1.47

---

[1]全国畜牧总站. 草原生态实用技术 [M]. 2017版. 北京:中国农业出版社,2018.

倍，表明在不进行翻耕的情况下，疏松表层土是提高出苗率和产草量的重要技术措施。旋耕能形成地表5～10cm的松土层，有利于种子的萌发和牧草的生长，其出苗率和产草量均高于重耙、钉耙，重耙的效果也较好。因此，在实际应用中，应根据当地的条件，大面积免耕种草，可选择旋耕机或重耙疏松表层土，小面积免耕种草可以采用钉耙。

（三）免耕种草的适宜播期

1.免耕种植一年生牧草的适宜播期

在川西北高寒牧区免耕种草，其最佳播期应在4月中下旬，此期播种的生长天数最长，可充分利用高原暖季有限的热量资源，延长牧草生长期，有利于分蘖的发生和光合产物的积累而获得高产。若遇特殊情况，最迟不得晚于5月下旬。燕麦不同播期处理的生长日数、分蘖力、有效枝条数、产草量均不一样（表5-2）。

表5-2　燕麦不同播期的生长状况及产草量

播期/（日/月）	15/4	30/4	15/5	30/5	14/6
出苗及开花日数/天	97	93	86	78	76
单株分蘖数/个	2.1	2.0	1.8	1.3	0
株条数/（万条/亩）	38.2	34.5	26.4	22.9	18.8
产草量/（千克/亩）	2388.0	2194.0	1822.3	1735.3	1402.3

2.免耕种植多年生牧草的适宜播期

多年生牧草分春播和秋播。多年生牧草在高寒牧区进行免耕播种，春播的适宜播期为4月中下旬，最迟不晚于5月下旬，如川草1号老芒麦（表5-3）。秋播适宜播种期是10月中旬。此时，气温虽然很低但未形成冻土，种子不会萌发又易被牲畜踏入土内，再加上冬季地表层的冻融交替，种子基本被掩入土中，故第二年出苗率早（比春播提前9天出苗），出苗率也较高，单株分蘖期比春播平均高0.3%，第一二年的产草量相应比春播提高。

表5-3　川草1号老芒麦春播和秋播的出苗、分蘖情况及产草量

	播期/ (日/月)	出苗率/%	单株分蘖/个	第一年产草量/ (千克/亩)	第二年产草量/ (千克/亩)	两年产草量合计/ (千克/亩)
春播	15/4	83.0	2.3	514.6	1588.5	2103.4
	30/4	83.6	2.3	527.4	1628.6	2156.0
	15/6	84.2	2.1	454.3	1476.0	1930.3
	30/6	84.7	1.6	386.7	1354.7	1741.4
	14/6	85.5	0.9	238.8	1208.5	1462.3
	29/6	85.4	0	187.0	196.4	1183.4
秋播	15/9	72.7	—	—	—	—
	30/9	63.8	2.7	336.5	1267.6	1604.1
	15/10	86.4	2.5	564.6	1744.0	2308.6
	30/10	77.0	2.6	454.7	1538.5	1993.2
	14/11	60.3	2.8	318.6	1247.4	1566.0

3.退化草地免耕播种技术

退化草地是建植免耕人工草地的主要区域。结合牧区分户经营的实际，采用旋松表层土+撒播种+钉耙人工盖种效果较好。从地面处理机具看，采用旋耕疏松表土层比重耙的效果好，出苗率高4.9%；从盖种方法的比较分析看，采用钉耙人工盖种比牛羊践踏的效果佳，出苗率提高14.2%；如将二者结合，即先用钉耙盖种，再驱赶牛羊践踏，可有效提高出苗率。

4.免耕种草适宜的草种组合

从鲜、干草产量和亩粗蛋白生产量综合考虑,一年生草种组合为燕麦（10kg/hm²）+箭舌豌豆（3kg/hm²）+黑麦草（0.5kg/hm²）或燕麦（7.5kg/hm²）+光叶紫花苕子（3kg/hm²）+黑麦草（1kg/hm²）。多年生草种组合为川草2号老芒麦2kg/hm²+蘼草0.2kg/hm²。

5.免耕草地的管理技术

1）免耕草地的杂类草种类及其防除

采用选择性除草剂2，4-D丁酯200g兑水50kg/hm²灭除双子叶植物。

2）免耕草地的培育技术

对免耕多年生草地施用有机肥、无机肥和叶面追肥，均有明显的增产作用。试验证明，第一年冬季轻度放牧羊群（以粪尿施肥），第二年春

季牧草分蘖期亩施尿素5kg，这样增产效果最显著；冬季施牛、羊粪尿后效作用明显。

免耕种草技术可以有效地解决分户经营条件下保护草地生态、建立人工打草地和进行家畜的冬草贮备，是一项集生态、经济效益于一体的牧区实用新技术。

三、卧圈种草的技术

近年来，青海省、西藏自治区大力推广卧圈种草。卧圈种草是在夏秋季节牛羊远离圈舍游牧的近6个月内，利用空闲卧圈种植燕麦。卧圈一般设在地势平坦、背风向阳、土层深厚、土质好的地方。圈内牛羊粪尿反复堆积发酵，土壤有机质含量高，在不需施肥、不进行任何管理的情况下，种植燕麦从播种到收获只需5个多月就可获得高产。据统计，圈内种草的成本为（种子和机耕费）495元/hm²，生产青干草平均17000kg/hm²，单价0.5元/kg，可收入8500元，投入产出比为1:17.2，每生产1kg燕麦青干草只需投入0.03元，且当年投入当年见效，是解决高寒牧区冬春饲草不足、增强抗灾保畜能力的一条有效措施。卧圈既不破坏原始植被，还利用了空闲地和圈内有机肥，达到夏秋种草、冬春圈牛、一圈多用的目的，卧圈种草程序如下。

（一）圈窝准备及整地

先将多余的牲畜粪便铲除，彻底清除圈窝地面上和20cm土层内的碎石、瓦块和灌木的残根等物。整地在播种前进行，翻耕一次，深度为30cm左右，然后耙平，做到圈内地面平整。

（二）草种选择

卧圈种草的首要环节是选择适宜高寒地区的优质、高产、适应性强、易栽培、营养物质含量高、适口性好、消化率高的优良燕麦品种。由于卧圈种草一般都在高寒牧区，且卧圈的空闲时间有限，所以要选择抗寒性强、早熟的品种。

（三）播种时间

在高寒牧区一般分为冬季草场和夏季草场，各地冬夏草场转场的时间并不一致，所以各地的播种时间也有所不同，播种时间是在把牲畜从冬草场转到夏草场后开始播种，一般是5—7月份。

（四）播种量

播种量严格来说应该根据燕麦种子的用价来计算，但在实际生产中，一般播种量是 $10\sim15\text{kg/hm}^2$。

（五）播种深度

由于燕麦种子较大，因此播种深度一般为 $3\sim5\text{cm}$。

（六）播种方式

条播、撒播均可，条播行距为20cm，播后要耙平。

（七）田间管理

卧圈地种植燕麦饲草一般不采用任何管理措施。由于圈内有良好的有机肥料（牲畜粪便）作底肥，故不施肥，也不需增加温度。

为了获得最高燕麦草产量和最佳草品质，刈割一般在燕麦初花期进行。刈割后可调制成燕麦青干草，也可青贮。燕麦青贮的成本比调制青干草要高，但是燕麦青贮料的品质比青干草好。燕麦青干草的粗蛋白含量为8%左右，燕麦青贮料的粗蛋白含量可达12%。

第六章　退化草地治理与生态恢复

第一节　退化草地的特征

在全国，绝大多数草地均存在着不同程度的草地退化现象，表现为土壤碱化、土地沙化、气候恶化以及严重的鼠害等一系列生态问题。草地退化的标志之一是产草量的下降。据调查，全国各类草原的牧草产量普遍比20世纪五六十年代下降30%～50%。例如，新疆维吾尔自治区乌鲁木齐县，1965年每667m²草场平均产草量85kg，到1982年已降至53kg，平均每年减少1.5kg。草地退化的标志之二是牧草质量上的变化，可食性牧草减少，毒害草和杂草增加，使牧场的使用价值下降。例如，青海省果洛地区，草原退化前，杂草和毒害草仅占全部草量的19%～31%，退化后增加到30%～50%，优质牧草则由33%～51%下降到4%～19%。草地退化和植被疏落导致气候恶化，许多地方的大风日数和沙暴次数逐渐增加。气候的恶化又促进了草地的退化和沙化过程。我国是世界上受沙漠化危害严重的国家之一。我国北方地区草地沙漠化面积已近$1.8×10^5$km²，从20世纪50年代末到20世纪70年代末的20年间，因沙漠化已丧失了$3.9×10^4$km²的土地。[①]

草地退化有多方面的表现，中度以上的退化主要特征表现如下。

一、草地土壤退化

土壤是草地生态系统的基础环境，土壤退化与草地退化关系十分密切，土壤的好坏直接影响草地植被的发展。

在评价草地退化程度及采取改良草地措施时，目前多着眼于植被群落的组合与演替，而对土壤的地位及作用没有给予应有的重视，这反映

①沈鹏. 基于图像的草地退化识别研究 [D]. 成都：电子科技大学，2019.

了对土壤退化与草地退化之间的关系了解的深度还不够。草地植物与土壤之间有着十分密切的关系，这是人们所熟知的。从宏观上讲，草原上3个典型的土壤类型的形成、分布与生物气候带是相适应的。黑钙土是在温带半湿润草甸化草原植被条件下形成的，干旱的典型草原以栗钙土为主，而棕钙土则是荒漠草原环境的产物。与土壤类型相适应，草地在植物群落组成、生物产量以及饲养的家畜等方面均有所不同。从微观上看，土壤性状上的某些改变都可以引起植被组成发生变化，如土壤钙积层出现的部位、厚度、硬结程度等对土壤水分状况有十分明显的影响。反之，植被类型的不同直接影响到土壤有机质积累的数量和分布的深度。因此，二者之间是相互作用相互影响的，任何一方的改变都会引起另一方的变化。但与植被的变化相比，土壤的变化要缓慢得多，它的变化不易被人们直观察觉，但退化以后恢复到原有水平又十分困难。所以，对土壤退化过程及影响因素、性状的变化是我们应该关注的方向。

据研究，在内蒙古高原，草本植物早在第三纪渐新世即已出现，在晚第三纪后期就已形成了具有禾本科、菊科、百合科、豆科的草原植物群落景观，距今至少有300万年。但是典型的草原土壤，如黑钙土、栗钙土则是在第四纪全新世暖湿时期形成的，距今5000～6000年。由此可知，典型草原土壤的形成与植被发展有密切关系，但又落后于草原植被的演替。自全新世以来，随着自然环境变迁和人类生产活动的增强，使土壤朝着2个方向演化：向肥力水平提高方向演化称之为熟化过程，形成了高肥力的农业土壤；向肥力下降方向演化称之为土壤退化过程，表现为性状恶化、养分耗竭、沙化、盐渍化或受到污染等。虽然土壤的演化方向不同，但都是自然与人为因素叠加作用所造成的。一般来说，自然因素影响的范围广，过程比较缓慢，其中气候因素的作用是持续的。有研究表明，内蒙古自治区自中更新世以来，气候在波动中向干旱化方向发展，全新世以来这种趋势更加明显，表现在气温增高、降水减少，直接影响到植物群落生长的高度、盖度和组成。研究表明，现在的植被盖度较中全新世减少近20%，对土壤的影响则是有机质来源减少而分解速度加快、土壤结构破坏、土壤含盐量增加、土壤蒸发加快，这样就使土壤向干旱化、贫瘠化方向发展。气候推动了土壤的退化进程，但气候变化是波动性的，它的影响是持续交替进行的，作用是相对比较缓慢的。与自然因素相比，人类生产活动则是最直接、最强烈的作用因素，在合理的适度放牧条件下，草地生态系统的能流、物流基本处于平衡状态，生产水平比较稳定，如能进行施肥、灌水，土壤肥力还会提高，良好的土壤基础保证了生产的持续发展。但在超载过牧情况下，植物生长受到抑制，会使土壤性状发生极大的改变，加剧土壤的退化进程。

二、草地植物的成分和结构变化

主要表现为植被的盖度减少，优良牧草的密度和高度降低，不可食牧草和毒害草的个体数相对增加。例如，过去一些非常好的草地，由于过牧导致严重退化，盖度减少，优良牧草密度降低，高度降低，不可食牧草和毒害草增加。

首先表现在优良牧草减少。根据20世纪80年代的调查，锡林郭勒盟天然草地与20世纪60年代相比，可食性饲草减少了33.9%，优良牧草下降了37.3%～90%。在内蒙古自治区东部森林草原地带，贝加尔针茅为地带性植被，因过度放牧而导致草地退化，贝加尔针茅被冷蒿取代，后来冷蒿又被百里香取代，禾本科植物所占比例减少，贝加尔针茅草原禾本科植物占地上生物量的69.33%，而冷蒿和百里香草原则分别占18.06%和15%，草场质量下降。甘南地区草地退化导致优良牧草所占比例由1982年的70%下降到1996年的45%。

其次表现在不可食或有毒的植物增多。在鄂尔多斯高原，油蒿草场占据绝对优势，但长期的过度放牧，引起油蒿大片死亡，不可食的华北白前大面积出现，可食性牧草产草量降低。在内蒙古高原和鄂尔多斯高原，因草地退化，有毒植物狼毒大面积出现。在一些地势较低的地方，有毒植物小花棘豆也成片出现。甘南地区草地的杂草和毒害草所占比例由1982年的30%上升到1996年的55%。

三、牧草生产能力下降

牧草生产能力是草地退化的最敏感的指标，轻度退化就可以明显感知，随着牧草产量下降程度的增加，草地退化的程度相应加深。

由于草地退化，牧草高度降低，牧草产量急剧减少。目前，新疆维吾尔自治区天然草地的产草量比20世纪60年代下降了30%～60%。例如，天山山区著名的大尤尔都斯盆地和小尤尔都斯盆地的草地，植被覆盖率由 40 年前的 89.4% 下降到目前的 30%～50%，鲜草产量由 1470kg/hm² 下降到 600kg/hm²。青海省草地由于草地退化，20 世纪 90 年代末同 20 世纪 80 年代相比，草地产草量下降了 10%～40%，局部地区达到 50%～90%。20 世纪 60 年代，中国科学院曾对内蒙古自治区、宁夏回族自治区进行综合考察，在内蒙古自治区锡林郭勒盟做测产样地 115 个，草地产草量平均为 2745kg/hm²。20 年后，中华人民共和国国家科学技术委员会和国家农业委员会下达重点牧区资源调查，在锡林郭勒盟共做测产样方 19701 个，牧草高度降低 40.3%～76.7%，盖度降低 35%～85%，草地平均产草量下降到 1700kg/hm²。内蒙古自治区苏尼特右旗的赛汗塔拉镇一带的小针茅草地曾经是一片良好的放牧场，从 1959 年到 1976 年，不到 30 年的时间，覆盖度由 15%～20% 下降到 10% 以下，产草量下降了 40%～60%。

草地退化的范围很广，导致退化的原因也很不相同，因此制订统一的退化指标体系很困难。天然草地放牧（割草）系统的退化，其退化指标是对草食家畜利用而言的。在这样的限定下，草地退化指标至少可从如下 5 个方面进行衡量。

第一，能量。草地放牧系统是一个太阳能固定与转化系统，太阳能利用率以及在系统内的转化效率应是衡量系统状态的最重要的指标。在不同的草地生态系统中，太阳能利用率是很不相同的，就我国天然草地而言，从林缘草甸到荒漠草原，其太阳能利用率为 0.07%～1.3%。因此，衡量其是否退化应与各类型的原生状态比较。一般情况下，草群生产力随退化程度的增强而递减，但有时不可食的杂草或毒害草会随退化程度递增，所以从生产力角度衡量，应以可食牧草产量为标准来评估退化程度，并与同一类型的原始状态比较。

第二，质量。草地质量在这里指的是营养成分与适口性的高低，一般可由种类组成来衡量，因为大部分草地植物的营养成分是已知的。在我国北方草地中，绝大部分优势种具有较高的营养价值与适口性，正因如此，在放牧利用时它们首先被采食。随着放牧强度的增加，优势种与适口性好的植物种逐渐减少，而适口性差、营养价值较低的一些杂类草则随放牧强度的增加而增加，甚至可代替原来的优势种。在此意义上，以现有群落的种类组成与顶极群落种类组成的距离来衡量草地退化程度，是一种简便易行的方法。

第三，环境。在强度放牧影响下，草地地被物消失，土壤表层裸露、反射率增高、潜热交换份额降低，土表硬度与土壤容重明显增加、毛细管持水量降低，风蚀与风积过程或水蚀过程增强，小环境变劣，进而土壤质地变粗、硬度加大、有机质减少、肥力下降，土壤向贫瘠化方向发展，草地在生物地球化学循环过程中的作用降低。

第四，草地生态系统的结构与食物链。一个顶极草地生态系统其结构是较为复杂的，食物链也比较长，从生产者到草食动物、第一级肉食动物、第二级肉食动物结构齐全，但在退化草地上，其食物链缩短、结构简化。

第五，草地自我恢复功能。自我恢复功能是草地生态系统是否健康的重要标志。在过牧影响下，草地自我恢复功能逐渐降低，直至完全丧失。根据草地退化的程度，一般分为4级，分别为未退化、轻度退化、中度退化、重度退化。

上述各级退化草地，常可采用指示植物鉴别。在我国北方草甸草原及典型草原上，原始类型的建群种有羊草、贝加尔针茅、大针茅、长芒草等，并伴生一些较为中生的优良牧草，如无芒雀麦、野豌豆、黄花苜蓿等。当放牧强度增加、草地开始退化时，这些植物逐渐减少，至重度退化阶段，这些种大部分消失。与此同时，原生群落的一些伴生成分，如糙隐子草、冷蒿、百里香、麻花头、狗娃花、星毛委陵菜等则随放牧强度的增加而增加，甚至代替原来的优势植物而成为建群种。以小针茅为建群种的荒漠草原，当放牧强度增加、草地开始退化时，无芒隐子草、银灰旋花、栉叶蒿、骆驼蓬逐渐增加，最后取代小针茅而成为优势种。但在不同自然地带和不同群落类型中，退化指示植物是不同的，只有在充分了解各草地类型演替规律的基础上，才可利用指示种来断定草地退化程度。

四、草地秃斑化

高寒草甸在遭受过度的放牧和鼠害后草皮被破坏，形成大面积的次生裸地或岛状裸地，使草地秃斑化。因暴露的土壤呈黑色，牧民称为"黑土滩"，即"黑土型"退化草地。此类退化草地牧草稀疏，毒害草和杂草滋生，鼠洞遍布，水土流失严重，发展速度快，危害深，治理难度大，是青藏高原面积最大和最具代表性的退化草地。

五、草地沙化、石漠化

过度放牧使草皮被破坏后，土壤基质较粗、含沙量较大的地方就会沙化。河漫滩和阶地原本是极好的草地，由于过度放牧，草皮被毁，沙土裸露，出现沙化，暴雨过后，细沙被冲走，留下冲不动的砾石，导致石漠化。

六、草地鼠虫害加重

随着超载过牧、草地退化，牧草稀疏、低矮，给鼠虫造成了视野开阔、障碍物少、逃避天敌容易的条件，有助于鼠虫的种群扩大，造成草地鼠虫危害严重。啮齿动物（包括鼠类和兔类）对草地的危害表现为啮食优良牧草，挖洞抛土，破坏土壤和地面平整，促使土壤水分蒸发，改变植被成分，引起群落逆向演替。

七、水土流失严重

草地植被遭到严重破坏后，土壤的渗水和蓄水能力大大降低，地表径流加剧，土壤极易被侵蚀，造成大面积的水土流失。

八、水资源日渐枯竭

草地植被减少，水土流失严重，使草地涵养水分的能力大大降低，导致河流径流量减少，小溪断流，湖泊干涸，地下水位下降，干旱缺水草地增加。

九、生物多样性遭到严重破坏

草地严重退化使生物多样性破坏的主要表现是动植物物种的减少和

区系的简单化。草地退化特别是中度退化后，就会造成大量植物种在群落中的消失。天然草地退化使植物减少，也使以草地为生的野生动物陷入危机，种群数量锐减，群系简单化，大多数种类濒临灭种的边缘。

草地退化还使生物多样性遭到严重破坏，濒危的野生动植物物种增多，优良植物种群数量减少。例如，内蒙古自治区克什克腾旗好鲁库冷蒿草原在轻微放牧的情况下，每平方米的植物有25种，香农-维纳多样性指数（Shannon-wiener指数）为1.2。而在过度放牧时，每平方米的植物少于20种，香农-维纳多样性指数（Shannon-wiener指数）为1左右。

十、沼泽面积锐减

由于天然草地的退化、沙化和干旱加剧，使湿地面积大幅度减少，原先的大部分水草滩已变成植被稀疏的半干滩，有的地方全部干涸。

第二节　退化草地生态系统的恢复目标与原理

一、草地恢复的目标

地球上生态系统的退化可以表现在系统的结构和功能方面，也可以表现在植被与土壤景观方面，而且不同干扰强度下生态系统的退化程度也有差异。但是，对退化生态系统恢复目标的要求是一致的。退化生态系统恢复的基本目标是建立合理的内容组成（生物种类丰富度与多度）、系统结构（植被与土壤的垂直结构）、格局（生态系统成分的水平安排）、异质性（各组分有多个变量构成）和功能（诸如水、能量、物质流动等生态过程的表现）。

草地是人类利用的主要自然资源，在某些地区甚至是赖以生存的物质基础。因此，退化草地恢复的首要目标是对草地生产能力（包括草地植被与家畜生产力）的恢复与提高；其次，草地本身也作为家畜生产，以及草地周围地区人类生存生活的环境，恢复退化的草地又体现对生态环境的恢复与提高。无论是草地生产力的恢复，还是草地环境的恢复，必须同时基于草地的生物组成（植物、动物或微生物）、植被和土壤结构与功能，包括生物多样性，水平与垂直结构，能量流动、物质循环与信息传递等营养功能的良性改变和发展。如果采用各种技术措施经过一定时间，草地生态系统的各种主要评价指标都得到相应的改善，如草地植被的盖度、净第一性生产力、土壤肥力（有机质）、家畜的采食效率等，草地就会从总体上体现恢复与改善。[1]

二、草地恢复的原则

退化草地生态系统恢复的基本原则，对于确定草地恢复内容、恢复程序以及恢复工程设计是十分必要的。在实际实施具体的草地恢复工程时，可能实施的内容、采取的技术都比较简单，但是为了实现草地恢复的总目标，获得理想甚至超过原来草地的生产与生态水平（功能）效果，必须遵从相应原则。

自然法则是退化草地恢复设计中优先考虑的问题。遵循自然规律，认识草地植被与土壤在各种自然与人为干扰下的客观演变过程，在依据生态学、地理学以及其他相关科学的理论原则前提下，设计的草地恢复以及实施的内容与具体方案才会合理而客观。草地恢复中最重要的是依据生态学原则，同时也应该考虑社会经济技术原则，因为恢复的退化草地是作为社会的生产资料，而且在草地恢复的各种技术方案中，需要考虑草地的恢复重建经济成本，常常是经济成本决定了草地恢复技术的选择。

三、草地恢复的基本程序

（1）明确被恢复草地生态系统的边界或范围。

（2）退化草地生态系统的诊断，分析草地退化主导因素、退化演替过程、退化演替系列或阶段，可以通过建立具体的可测定的评价指标体系定量分析（综合评判等）。

（3）提出退化草地的恢复目标，以及恢复的具体原则。

（4）在某些情况下需要进行草地恢复的生态风险评价。

（5）进行实地恢复的优化模式实验与模拟研究，既可以通过长期定位观测实验获取在实践中可操作的恢复技术模式，也可以直接借鉴其他

---

①李文华. 中国生态系统保育与生态建设[M]. 北京：化学工业出版社，2016.

同类研究获得的技术方法。

（6）对草地恢复技术的实施效果进行分析评价，同时加强后续的动态监测。

四、草地恢复的基本原理

草地生态系统如同其他生态系统一样，作为具有一定结构与功能特性的生态系统，其本身对外界的各种干扰表现出自有的抵抗力稳定性。草地的抵抗力稳定性的大小取决于生态系统结构与功能的复杂性。一般来说，草地植被（包括动物）的组分越多，生物多样化程度越高，同时草地的生物生产能力较强。因此，草地对于放牧、割草活动，以及其他灾害的影响就有较强的抵抗力。但是，草地对外界各种影响因素的反应也是有限度的。当草地受到的外界干扰超过某种水平，即"生态阈值"或"生态阈限"时，草地就会从正常的健康状态走向不健康状态，或者说草地生态系统开始进入退化过程。

进入退化过程的草地，尽管是处于生态系统的不健康状态，但草地并不是不可以继续利用。这时对草地的利用方式与利用程度都必须有利于草地的恢复才是合适的。退化草地在没有达到系统崩溃的阶段仍然可以恢复，而其中的恢复基础是草地的恢复力稳定性。任何自然或半自然生态系统都具有其本身的恢复力稳定性。实现草地的恢复力稳定性是通过草地生态系统内部的自我组织性完成的。

草地退化过程中植被呈现退化，可称之为植被的逆行演替。逆行演替是植被或植物群落向着背离顶极状态的变化过程。通常处于发育过程的植被，在没有强烈外界因素作用时，会一直向着顶极状态方向演替，称之为植被的进展演替。因此，植被的逆行演替与进展演替是一个互逆，或者可以相互转化的过程。当存在外界因素的强烈干扰时，植被出现逆行演替变化。如果这种干扰停止，植被就会利用其自身的自组织性（恢复力）重新开始进展演替过程。

草地中的植被过度利用（家畜的过度采食或割草），从植物到土壤环节的物质平衡受到破坏，实际结果是较少的植物残体回归土壤，土壤中的有机质、肥力开始下降，多年生植被再生受到土壤营养不足的限制，植被的生产力下降。要使退化的生态系统得到恢复，实质上就是要对生态系统进行能量与物质投入或补充，使系统的能量与物质输入和输出趋于平衡。对于人类利用的自然生态系统或半自然生态系统，当生态系统出现退化后，及时停止利用就相当于减少了生态系统的能量和物质输出，而如果再进行能量和物质的一定补充，生态系统会在较短的时间内实现生态平衡，也就是生态系统由退化恢复到正常状态。

第三节　草地沙漠化及其治理

当今全球陆地面积的1/4、100多个国家和地区、9亿人口受到荒漠化危害，而目前正以每年 $5.0×10^4 \sim 7.0×10^4 km^2$ 的速度扩大，每年造成经济损失超过423亿美元。我国是世界上受荒漠化危害严重的国家之一，目前荒漠化面积已达 $2.622×10^6 km^2$，占国土总面积的27.4%，每年还以 $2.46× 10^3 km^2$ 的速度继续扩展，有4亿人口深受荒漠化危害之苦，因荒漠化每年蒙受的经济损失达541亿元。由于荒漠化年复一年、日复一日，在广大的时空无休止地进行，致使林木枯死、草地退化、耕地减少、土地的生态生产力下降、沙尘暴频繁发生，环境日趋恶化。一些地方沙进人退，当地群众背井离乡，成为"生态难民"。荒漠化不仅发生在西北干旱地区，在东北平原和青藏高原也有发生。如西藏自治区的日喀则地区，沿一些河谷地带的荒漠化土地已达 $3.329×10^5 km^2$，占本区土地总面积的1.22%，为耕地的25倍。尤其雅鲁藏布江及其上游的沙化已严重危及当地群众的生产与生活。青海省的 $3.672×10^5 km^2$ 的草地中，每年还以 $1.3×10^3 km^2$ 的荒漠化速度迅速扩大。因此，荒漠化是危及国家安全和广大人民群众安身立命的最大的生态危机。荒漠化的成因是多方面的，但最根本的原因是干旱，而造成干旱的因素有自然的，也有人为的，或二者兼有，互为因果。如果说干旱（气候干旱、土壤干旱）是造成荒漠化的基础和背景，那么荒漠化进程的快慢则主要决定于人为活动。纯自然因素造成的荒漠化过程一般非常缓慢，往往经过数万年或数千年的时间，而人为活动导致的荒漠化则在几十年甚至几年之内就造成严重后果。目前我国西北地区不断加剧的荒漠化，其主要原因则是人们不合理的各种活动所致，诸如原有林木植物被砍挖、无计划开垦、过度放牧、水资源过度利用等。广大草原地区的饮水点（井）及居民点附近的草地，如青藏高原、内蒙古高原中东部的草地，主要是因严重过牧而使植被破坏、草地荒漠化。

而在广大的西北风沙地区，如甘肃省河西走廊、内蒙古自治区西部居延海一带、新疆维吾尔自治区塔里木盆地等绿洲外围的草地之所以荒漠化，除过度放牧等因素外，主要是上游来水减少，地下水长期超采，水位不断下降，使大片沙生植物因缺水而死亡，这是干旱风沙区流沙再起、沙尘暴频繁发生、荒漠化进程加剧并不断向绿洲逼近的一个十分重要原因，这种土地退化具有更大的危险性和不可逆转性，尤其应当引起更多的关注。①

一、草地沙化的定义、分级和分级指标

中华人民共和国国家标准《天然草地退化、沙化、盐渍化的分级指标》（GB 19733—2003）中，草地沙化（desertification of grassland）的定义是不同气候带具沙质地表环境的草地受风蚀、水蚀、干旱、鼠虫害和人为不当经济活动，如长期的超载过牧、不合理的垦殖、滥伐与樵采、滥挖药材等因素影响，遭受不同程度破坏，土壤受到侵蚀，土质变粗沙化，土壤有机质含量下降，营养物质流失，草地生产力减退，致使原非沙漠地区的草地出现以风沙活动为主要特征的类似沙漠景观的草地荒漠化过程。

草地沙化是草地退化的特殊类型，在此标准中明确了沙化的分级和分级标准。

荒漠化发展的结果，使土地资源变为沙漠（沙质荒漠）、戈壁（沙质荒漠）、石漠（石质荒漠）、壤漠（壤土荒漠）、盐漠（盐土荒漠）等丧失生物生产力和生态功能的土地。荒漠并不等同于沙漠，沙漠只是荒漠化最为严重的后果之一。荒漠化是全世界土地退化中范围与危害最大的环境问题之一。

防治荒漠化首先要防止草地退化。从植物群落地理学，即大的地带性植被而言，草地是介于森林带与荒漠带之间的地带，草地与荒漠是毗连交错与共生的关系。正因为如此，受荒漠化危害首当其冲、最直接受害的就是草地，而草地在干旱与不当利用下退化的最终结果就是荒漠。在我国约 $4×10^8hm^2$ 各类草地中，受荒漠化危害或已变为荒漠的达 $8.764×10^7hm^2$（其中荒漠化草原类 $2.111×10^7hm^2$，草原化荒漠类 $9.6×10^6hm^2$，荒漠类 $4.435×10^7hm^2$，高寒荒漠类 $1.258×10^7hm^2$），约占草地总面积的

①刘媖心，黄兆华. 植物治沙和草原治理[M]. 兰州：甘肃文化出版社，2000.

22.3%，毗邻于这些类别的其他草地也是受潜在荒漠化威胁最大的土地类型。草地作为国土资源的重要部分，同时也是畜牧业生产的基地、各民族生存的家园、生态环境的屏障，与民族兴衰、国家安危、社会经济和环境可持续发展之间的关系重大，其作用不可替代，尤其是草地原地处于风沙前沿、江河源头、山区坡地，其生态功能更不容忽视。然而，地处我国环境条件严酷地区的各类草地，在人口压力、需求膨胀和某些政策误导下，由于长期过牧、过垦、过伐，建设速度远低于退化速度等原因，目前全国有90%的草地已经或正在退化，每年扩大的2.46×10³km²荒漠化土地中受危害的主要是草地。因此，要防治沙漠化，首先应防止草地退化。

二、建立草地沙漠化防治体系

草地沙漠化防治应在防止沙化、盐碱化土地扩展的基础上，加大对固定、半固定沙丘的保护与开发力度，开展对流动沙丘、盐碱化土地、退化草地发生发展规律及治理方法和措施的科学研究并加大治理投入。可根据具体情况，建立预防区、保护开发区和治理区。

预防区在已经沙漠化土地的边缘，采取营造适应当地气候条件的灌木林带，保持和提高现有水资源，杜绝开采地下水，维持现有的生物多样性，防止土地荒漠化继续扩大。

保护开发区对于生态脆弱区和没有受到干扰及干扰较轻、轻微退化的区域，应采取禁止各种形式的开发和利用等保护措施，防止退化。

治理区对遭到严重破坏已经退化区域的流动沙丘、盐碱地、退化草地等，在充分调查研究沙化成因、发展机制的基础上，采取切实可行的治理对策进行治理。

草地沙漠化治理主要有以下2个方面的措施。

（一）行政措施

强化法制观念、加大执法力度。近年来，我国出台了《中华人民共和国草原法》《中华人民共和国森林法》《中华人民共和国土地管理法》《中华人民共和国水土保持法》《中华人民共和国水法》等法律法规。但运用法制手段管理草地仍显薄弱。因此，强化法制观念，加大执法力度，完善法律法规，对治理草地沙漠化必将起到重要推动作用。

提高农牧民生态意识。沙漠化扩展的趋势之所以难以遏制，原因之一是人们防治的意识不强、认识不足，没有把防治沙漠化和自身的生存环境、当地的经济发展及脱贫致富联系起来，没有把利益驱动下的短视行为和子孙后代长远利益联系起来，没有树立以防为主的观念。因此，当前亟待解决的问题是大力开展宣传教育，使沙漠化防治真正成为全社会广泛关注的问题，让绝大多数人都明白沙漠化正在逼近。

多部门多学科协同联合，建立防治草地沙漠化长效机制。草地沙漠化防治是一项多学科的综合系统工程。就目前治理现状看，还普遍处于较低水平。因此，要尽快联合多部门、组织多学科人才，建立沙漠化防治机构，监测和掌握沙漠化扩展和防治动态信息，为确定不同类型草地沙漠化防治提供可靠的科学依据。要改变以前种草只尽力种草、植树只用心植树、水土保护只专注水保措施的局面，尽快走出"贫困—破坏资源—更加贫困"的恶性循环。

(二) 技术措施

以治理保开发，以开发促治理。在改善和保护沙地生态环境的前提下，根据土地沙化的程度确定合理的经济目标和生态目标，合理获取沙地生态效益和经济效益。鉴于沙地生态环境的脆弱性，必须把生态效益作为第一目标。

适度利用。开发利用的方式要适宜，使沙地生态系统保持完整的结构和功能，垦殖、放牧、采伐等各种活动都必须约束在适当的范围内，使再生资源得以保持自我恢复的潜力。

减轻沙地承载量。在现有沙地生态经济系统内，减少依附性强和破坏性大的生产要素，用其他有利要素予以弥补，如用林牧业弥补耕作业，以具有改良沙地效果的作物替换耗地作物等。

坚持综合治理。政府及有关部门应强化宣传教育、政策引导、技术服务、资金扶持，调动农民群众的治理积极性，推广适宜的治沙模式和成功经验，坚持综合治理。

第四节　水土流失型退化草地的治理

水土流失（water and soil loss）是指在水力、重力、风力等外营力作用下，水土资源和土地生产力的破坏和损失，包括土地表层侵蚀和水的损失，也称水土损失。

《简明水利水电词典 水利分册》提出，水土流失指地表土壤及母质、岩石受到水力、风力、重力和冻融等外营力的作用，受到各种破坏和移动、堆积的过程以及水本身的损失现象，这是广义的水土流失。狭义的水土流失是特指水力侵蚀现象。这与前面讲的土壤侵蚀有点相似，所以人们常将"水土流失"与"土壤侵蚀"两词等同起来使用。[①]

根据全国第二次水土流失遥感调查，20世纪90年代末，我国水土流失面积为 $3.56\times10^6km^2$，其中水蚀面积为 $1.65\times10^6km^2$，风蚀面积为 $1.91\times10^6km^2$。在水蚀面积和风蚀面积中，水蚀风蚀交错区水土流失面积为 $2.6\times10^5km^2$。

在 $1.65\times10^6km^2$ 的水蚀面积中，轻度水蚀面积为 $8.3\times10^5km^2$，中度水蚀面积为 $5.5\times10^5km^2$，强度水蚀面积为 $1.8\times10^5km^2$，极强水蚀面积为 $6.0\times10^4km^2$，剧烈水蚀面积为 $3.0\times10^4km^2$。

在 $1.91\times10^6km^2$ 风蚀面积中，轻度风蚀面积为 $7.9\times10^5km^2$，中度风蚀面积为 $2.5\times10^5km^2$，强度风蚀面积为 $2.5\times10^5km^2$，极强风蚀面积为 $2.7\times10^5km^2$，剧烈风蚀面积为 $3.5\times10^5km^2$。

冻融侵蚀面积为 $1.25\times10^6km^2$（1990年的遥感调查数据，没有统计在我国公布的水土流失面积当中）。

一、水土流失的形成与危害

在山区、丘陵区和风沙区，由于不利的自然因素和人类不合理的经济活动，造成地面的水和土离开原来的位置，流失到较低的地方，再经过坡面、沟壑，汇集到江河河道内，这种现象称为水土流失。

水土流失是不利的自然条件与人类不合理的经济活动互相交织作用产生的。不利的自然条件主要是地面坡度陡峭，土体的性质松软易蚀，高强度暴雨，地面没有林草等植被覆盖。人类不合理的经济活动是毁林毁草，陡坡开荒，草地上过度放牧，开矿、修路等生产建设破坏地表植被后不及时恢复，随意倾倒废土弃石等。水土流失对当地和河流下游的生态环境、生产生活和经济发展都造成极大的危害。水土流失破坏地面

①王克勤，赵雨森，陈奇伯. 水土保持与荒漠化防治概论[M]. 北京：中国林业出版社，2008.

完整，降低土壤肥力，造成土地硬化、沙化，影响农业生产，威胁城镇安全，加剧干旱等自然灾害的发生和发展，导致群众生活贫困、生产条件恶化，阻碍经济和社会的可持续发展。

二、水土流失的类型

根据产生水土流失的"动力"，分布最广泛的水土流失可分为水力侵蚀、重力侵蚀和风力侵蚀3种类型。

水力侵蚀分布最广泛，在山区、丘陵区和一切有坡度的地面，下暴雨时都会产生水力侵蚀。它的特点是以地面的水为动力冲走土壤。

重力侵蚀主要分布在山区、丘陵区的沟壑和陡坡上，在陡坡和沟的两岸沟壁，其中一部分下部被水流掏空，由于土壤及其成土母质自身的重力作用不能继续保留在原来的位置，便分散地或成片地塌落。

风力侵蚀是指由于风的作用使地表土壤物质脱离地表被搬运的现象及气流中颗粒对地表的磨蚀作用。风力侵蚀主要分布在我国西北、华北和东北的沙漠、沙地和丘陵盖沙地区，其次是东南沿海沙地，再次是河南省、安徽省、江苏省的"黄泛区"（历史上由于黄河决口改道带出泥沙形成）。在水土流失严重的区域中，首当其冲的是黄河流域。

三、水土流失型退化草地的治理措施

(一) 政策措施

（1）提高人口素质，增强法制意识。草地资源是大自然的主体部分之一，是人类赖以生存和发展的物质基础，是生态平衡的重要环节。普及法制教育，提高人口素质，使人们认识到水土流失的危害，切实感受到实施水土保持的必要性和迫切性。要大力宣传《中华人民共和国环境保护法》《中华人民共和国土地管理法》《中华人民共和国水法》《中华人民共和国森林法》《中华人民共和国水土保持法》等法律法规。充分认识草地的重要生态地位，改变以往忽视草地在涵养水源、调节气候、保持水土等方面所具有的重要生态功能的错误认识，不断提高全民的生态意识和法制意识，逐步形成全社会自觉保护环境的良好风气。

（2）严格以草定畜，控制载畜量。超载过牧是草地退化的主要原因之一，牧民只知增加牲畜头数，不知养护建设草地，加剧了草与畜之间的矛盾，对草地的无限制掠夺利用已远远超过了再生能力，导致草地生态环境日益恶化。因此，有多少草养多少畜，严格以草定畜、控制载畜量无疑是草地生态保护的一项重要措施。牲畜超载部分要限期出栏，加快周转，提高出栏率，减轻草地承载负荷；加强抗灾保畜基地建设，彻底改变靠天养畜的被动局面，缓解草畜矛盾，切实保护草地生态环境。

（二）工程措施

（1）实施草地综合生态治理工程科学论证、因地制宜立项并尽早实施草地综合治理的生态建设工程，如草地水土保持防治工程、水源涵养草地工程、退化草场治理工程、沙化草场治理工程、草地鼠虫害控制工程、草地围栏封育工程等，以不断加大对草地生态的治理力度，从根本上遏制住草地生态环境持续恶化的趋势，并逐步恢复草地生态系统的良性循环。

（2）建立草地自然保护区。草地所处的特殊地理位置和气候条件，决定了草地生态系统的极端重要性和脆弱性。这些脆弱的草地生态系统一旦遭到破坏便很难恢复，因此草地生态系统的保护是草地生态系统良性循环发展的基础。另一方面，已退化、沙化和盐碱化的草地生态系统的恢复与建设有利于草地生态系统的保护和可持续开发利用。因此，要以草地生态系统的保护为基础，以草地生态建设促保护，坚持草地生态保护与草地生态建设并重的指导思想，促进草地生态系统的良性循环和可持续利用。在发展畜牧业的同时，对具有特殊生态价值的草地类型实行划区保护。同时在保护的前提下，大力提倡自然景观特色旅游，为地方经济的发展开辟新的经济增长点。

（3）建立草地生态环境动态监测体系和数据库，为草地生态保护、草地生态建设以及草地畜牧业的发展提供动态的翔实数据，促进草地生态保护与建设和草地畜牧业发展的科学决策。

坚持草地资源的可持续利用，是走草地生态效益、经济效益和社会效益相统一的草地畜牧业可持续发展的必由之路。以建设草地生态农业为根本宗旨，切实加强草地保护、防止植被退化；以建设优质高产的人工草地、半人工草地为重点，科技兴草；大力调整畜牧业结构，应用高效畜牧养殖技术，科技兴牧，促进草地畜牧业经营向集约化、科学化方向发展，由数量型畜牧业向效益型畜牧业转变，促进畜牧业的产业化发展和推动草地生态环境的改善，建立草地生态系统演替与畜牧业发展之间的动态平衡，实现草地生态系统的良性循环。

第五节　盐渍型退化草地治理

草地荒漠化与盐渍型退化草地密切相关，盐渍型退化草地主要分布在内陆绿洲下游和边缘、河湖及滨海滩涂。目前我国受盐渍化危害的土地面积约为 $8.18×10^7hm^2$，其中约 $6.03×10^7hm^2$ 是因盐渍化而退化的草地。

我国西北地区有 $2.216×10^7hm^2$ 的盐渍化土地，约占全国盐渍化土地面积的60%。而其中因灌溉方式不当而导致的次生盐渍化土地面积约为 $1.4×10^7hm^2$，约占全国次生盐渍化土地的70%；同时，排灌方式不当还导致了生态环境的恶化。因此，开发利用盐渍化土地以及将灌溉区土地从次生盐渍化的危机中解救出来、进而改善生态环境，是我们目前面临的紧迫任务，否则西北地区脆弱的生态环境将遭到不可逆转的破坏。[①]

一、草地盐渍化的定义、分级和分级指标

草地盐渍化（rangeland salification）是指干旱、半干旱和半湿润区的河湖平原草地、内陆高原低湿地草地及沿海泥沙质海岸带草地，在受含盐（碱）地下水或海水浸渍，或受内涝，或受人为不合理的利用与灌溉影响，而致其土壤产生积盐，形成草地土壤次生盐渍化的过程。需要注意：①草地盐渍化是草地土壤的盐（碱）含量增加到足以阻碍牧草生长，导致耐盐（碱）力弱的优良牧草减少，盐生植物比例增加，牧草生物产量降低，草地利用性能降低，盐（碱）斑面积扩大的草地退化过程；②土壤本底盐（碱）含量较高的盐化低地草甸草地、滩涂盐生草甸草地、盐生荒漠草地，其草地植被组成及生物产量变化不大，土壤盐（碱）含量与原本底盐（碱）含量相比增加不明显，不属于草地盐渍化；

---

①赵景波，罗小庆，邵天杰. 荒漠化与防治教程[M]. 北京：中国环境科学出版社，2014.

③次生盐渍化草地是特殊的退化草地类型。

二、盐渍化土地的形成机制

(一) 自然因素

自然因素主要有中、小、微地形的变化及成土条件和气候、水文因素的影响。各种盐碱土的形成过程，主要是各种易溶性盐类重新分配和在土壤中不断积累的过程。在这个过程中，水起着十分重要的作用。水是盐分移动的携带者，盐分常以水的移动方向而相应变化。

西北地区普遍发育着不同程度盐化的草甸土。草甸土的成土母质是在干旱气候条件下的岩石经风化剥蚀并经河流不断搬运到平原沉积而成。这类沉积物未经充分的天然淋洗作用而普遍含盐。另外，西北地区大气降水中的含盐量高达每毫升几十毫克，甚至0.2g/L，比沿海地区高出3~4倍；而且由于降水量很小，一般难以形成对地下水的有效补给，水量大多滞留在包气带土壤中，强蒸发作用使土壤中水失盐留，日积月累便使土壤表面形成了自然的盐分积累。上述2个条件为西北地区土地盐渍化提供了必要的物质来源。

西北地区由于地貌上构成诸多各自封闭的自然地理环境单元，在地质构造上多以断陷盆地和高原景观存在，其周边被高山、高地围限，而盆地内则是宏阔平坦的冲积平原。山区降水和冰雪融水以地下径流和地表径流的形式一起流入盆地内补给地下水，盆地的低洼地区则成为地下径流和地表径流的汇水区。

(二) 人为因素

草地盐碱化的主要原因是人为因素。而在人为因素中，主要有盲目开垦和超载放牧。

开垦草地会造成土壤风蚀、水蚀、盐碱化的发生，从而使草地变成荒漠。盐碱面积扩大的途径有2种：一是使用碱性浓度很高的地下水灌溉造成的；二是已经盐碱化的土壤随着风蚀和水蚀扩散造成的。在开垦后的草地上种植，一般都要用地下水灌溉。我国北方大部分地区地下水都含有易溶性盐，越是降水稀少、蒸发强烈的地区，浅层地下水的盐碱浓度也越高。地下水随着强烈的蒸发由下向上运动，随着这种运动，地下的盐碱也向地表运动。用浅层地下水灌溉，土壤就会迅速盐碱化。

草地严重超载过牧也会导致草地盐碱化。在我国大部分牧区超载程度惊人，少则超载30%，多则成倍。高强度放牧条件下，草地植物的生长受到极大的限制，降低了土壤有机质的积累，加大了土壤有机质的分解，加之家畜践踏十分严重，其结果是植被盖度持续下降，地表裸露，盐分增加，形成盐渍化草地。

三、盐渍型退化草地的治理措施

(一) 禁牧封育、退牧还草

禁牧封育是对盐渍化严重区域草地实行封育，使自然植被得以休养生息进而得到有效的恢复。盐渍化草地的恢复速度取决于盐渍化的程度。退化草地经过一段时期的封育后效果非常明显。研究表明，在吉林省西部以次生盐碱化为主的退化草地通过禁牧封育5年，光碱斑地便可自然恢复到羊草+虎尾草群落或羊草+碱茅群落或羊草+獐毛群落，光碱斑完全消失，其中羊草盖度可达60%~80%，土壤理化性质有很大改善。如果封育10年，则基本可恢复到羊草群落。

禁牧需要根据草地的不同情况，采取全年禁牧、季节休牧、早春和雨天限牧等不同措施。对采草地和碱斑面积超过30%、已经开始沙化的放牧草地，实行全年禁牧；对碱斑面积少于30%的草地，划为季节性休牧区；早春牧草返青期和雨天采取限牧的措施，严格控制载畜量，放牧强度控制在50%以下。

(二) 兴建水利工程、排灌结合降盐

在盐渍形成的机制中，由于地下水位高使下层盐分在土壤水分蒸发的过程中积累于地表，当盐分达到一定程度时造成了盐渍化草地。当地下水位高、含盐量大时，可采取开沟排水和竖井排水的办法，降低地下水位，消除涝渍，减少地面盐分。如果盐渍化草地的地势较高，可采用灌溉的方式"压碱"，即灌水时将积于地表的盐碱溶于水中，当水下渗时将盐淋溶。

（三）化学改良措施

对重度盐碱化草地土壤可配合施用化学改良物质（如石膏、风化煤、磷石膏、亚硫酸钙、硫酸亚铁等），以降低土壤碱性。

1.施用石膏

石膏对碱性土壤具有很好的改良效果（碱土中碳酸钠被石膏置换，形成石灰和中性盐，消除了土壤碱性），同时钙离子可以替换土壤胶体上的钠离子，从而改善土壤的化学性状。根据土壤情况，石膏使用量可在$100\sim400kg/hm^2$之间，施用的石膏要充分磨细。石膏改良碱性土壤有一定效果，如与水利、施厩肥和其他措施相结合，作用更好且更明显。

2.施用风化煤

风化煤含有相当多的腐殖酸，可以改良土壤的碱性，减少土壤盐碱的危害，特别是酸性的风化煤粉对碱性土壤的改良很有成效。

（四）生物改良措施

在盐渍化草地种植抗盐植物和耐盐植物，可有效恢复盐渍地生产利用性能，减少土壤蒸发，控制地表积盐，增加土壤根系数量，增加土壤有机质，增强土壤微生物区系和活性，改善土壤理化性质。我国在内陆盐渍地改良和利用方面展开了大量研究，其中甘肃草原生态研究所、内蒙古自治区农牧业科学院等单位，以星星草、湖南稗子、长穗偃麦草等耐盐牧草为主要研究对象，并通过研究盐碱胁迫对长穗偃麦草、无芒雀麦、黑麦草等牧草种子萌发及生长的影响，确定最佳建植种和最佳培育种植方案，在改良和恢复盐渍地生产能力方面获得了显著成效。

星星草是多年生禾本科牧草，分布广泛，主要生长在草甸草原的低洼地带和盐渍化碱斑周围。星星草具有很强的耐盐性、耐碱性、耐旱性和耐寒性，喜湿润和盐渍化土壤，在年降水量350mm以上的盐渍化草地种植星星草，具有较好的改良效果。

（五）加强法治建设、提高科学意识

改进草地畜牧业生产管理方式，逐步改变高投入、低产出、高消耗和低收益状况。改进生产技术，调整畜群结构，适时屠宰。有计划地更新和建设草地，提高草地生产力和抗御自然灾害的能力，科学划分轮牧草地，加强围栏封育，制订草地建设规划和措施。推行草地建设规范化，

实现草地管理法制化。加大执法力度，严格限制人为破坏活动，实现以法治草。建立草地生态环境监测系统、草地资源信息系统，实现草地利用信息化管理。

第六节　"黑土型"退化草地治理

一、"黑土型"退化草地及其特点

所谓"黑土型"退化草地是指青藏高原海拔3700m以上高寒环境条件下，以蒿草属植物为建群种的高寒草甸草地严重退化后形成的一种大面积次生裸地或原生植被退化呈丘岛状的自然景观。因其裸露的土壤呈黑色，故名"黑土型"退化草地。它包括俗称的"黑土滩""黑土坡""黑土山"等。"黑土型"退化草地只是一种概括性的称谓，并没有发生学的意义。[①]

退化类型与特征方面，何种退化程度的高寒草甸以及秃斑地裸露的面积占草甸面积的多少，方能作为"黑土型"的判定标准？进行科学的分类将有助于"黑土型"恢复对策的提出。潘多峰根据实地调查，以秃斑地的面积大小初步提出3种类型的"黑土型"，分别是轻度、中度和重度（表6-1）。退化特征首先表现在生草层的秃斑化，其次表现在原生植被的杂毒草化、草地生境的干旱与盐碱化以及草地植物根量锐减。

表6-1　"黑土型"退化草地的等级划分标准及类型

退化类型 （坡度）	退化等级	秃斑地盖度/%	可食牧草比例/%	草地退化指数
滩地 0~7°	轻度	40~60	10~20	0.24~0.43
	中度	60~80	5~10	0.14~0.24
	重度	>80	<5	<0.14
缓坡地 7°~25°	轻度	20~50	10~15	0.24~0.43
	中度	50~80	5~10	0.14~0.24
	重度	80~100	<5	<0.14

①韩贵清，杨林章. 东北黑土资源利用现状及发展战略[M]. 北京：中国大地出版社，2009.

退化类型 （坡度）	退化等级	秃斑地盖度/%	可食牧草比例/%	草地退化指数
陡坡地 大于25°	轻度	20～50	10～15	0.24～0.43
	中度	50～80	5～10	0.14～0.24
	重度	80～100	<5	<0.14

其特征有4点：一是植被盖度较低，一般为20%～30%，有的甚至寸草不生；二是植被组成中多为杂草和毒害草；三是生产力低下，仅为原生草地植被的10%左右；四是草地鼠害猖獗。

"黑土型"退化草地的形成是自然因素和人为因素综合作用的结果，主要集中分布在青藏高原的主体部分，多出现于青藏高原阳坡和半阳坡山麓和山前滩地，近些年来逐步发展到山坡和山顶，是在特定的地域范围内形成的，海拔为3600～4500m，地势自西北向东南倾斜。西北部海拔平均为4000m以上，地势起伏小；东南部海拔大多为3500～4000m，地势起伏大。超出该范围无"黑土型"退化草地的形成条件。较高海拔的地区由于家畜和人类活动的减少，而不具有形成"黑土型"退化草地的人为因素；较低海拔的地区没有形成"黑土型"退化草地的特殊自然气候条件。

二、"黑土型"退化草地的形成机制

关于"黑土型"退化草地的形成机制，不少专家都提出了很有见解的论点，归纳起来有2种看法。

其一，综合因素说。其中最典型的是黄葆宁、李希来两位的观点。他们认为，高寒草甸"黑土型"退化草地成因的主导因素是人为超载过牧，利用植被和鼠害破坏原生植被造成土质疏松。此后在风力的作用下，首先在植被稀疏过牧地段或鼠害引起的土质疏松地段造成风蚀突破口，剥蚀的沙砾撞击，堆积生草层，蒿草植被受淹埋衰退死亡，逐渐形成风蚀、水蚀的秃斑块状，随后秃斑块状周围的生草层在冷缩暖胀作用下出现不规则的多边形裂缝，裂缝处的植物根系与土层断离，在强大而持久的风力和雨季水蚀作用下，生草层坏死，冻融时发生滑塌剥离。概括地说，"黑土型"退化草地形成的起点是植被稀疏过牧地段或土质疏松鼠害地段，原动力是风蚀和水蚀，终点是融冻剥离。

其二，气候旱化说。持这种观点的学者认为，全球气温升高所引起的荒漠化应是处于半干旱、半湿润干旱区的青海省果洛藏族自治州的达日县大片"黑土型"退化草地产生的主要原因。他们在1997年的实地调查和从NOVA资料分析中发现，与1985年相比，达日县荒漠化的一些主要表征，如气候变暖、植被群落退化、土壤退化、水文状况恶化等，在12年间的变化是非常明显的。达日县的植被明显的比其北部、东部、南部各县差，在达日县境内，较干、较高的西北部出现高寒荒漠草原类的异针茅–火绒草草地，绝大部分是高寒草甸，只在较低、较暖的东部和南部有少量的灌丛；"黑土型"退化草地的分布也呈现由西北向东南、由多到少的分布规律。这些都说明了亚洲腹地极干的荒漠气候对达日县草地的深刻影响。但有些学者认为，气候变化周期是漫长的，气候条件在一定阶段内不会发生大变动，对草、水、土的影响不会太大。就植物来说，原生蒿草经过长期演替，已处于顶极稳定状态，没有持续的外界特大压力，原生蒿草植被在短时期内不会发生大的衰退和死亡现象。

(一)"黑土型"退化草地形成原因的自然机制

年大风日数多。大风是指瞬时风速在17.2m/s以上的风。青藏高原由于地势高且相对平旷，年大风日数均在50天以上，其西部多于100天，这在全国也不多见。青海省"黑土型"退化草地分布的主要区域大风日数分别是达日县87.3天、甘德县73.6天、玛沁县75.2天、曲麻莱县108.8天、杂多县67.7天，平均在80天以上。大风日数是形成"黑土型"退化草地的主要气象要素，这种大风极易产生草地土壤的风蚀现象。

年降水量多。"黑土型"退化草地分布区域年降水量超过400mm以上，这给草地土壤产生水蚀现象创造了条件。青海省"黑土型"退化草地分布的主要区域年降水量分别是达日县542.8mm、甘德县492.9mm、玛沁县513.2mm、曲麻莱县397.7mm、杂多县521.3mm，平均在490mm以上。

(二)"黑土型"退化草地形成原因的生物学机制

高寒草甸秃斑化过程的演替。高寒草甸生草层的秃斑化所引起的生境干旱化，促使处于稳定顶极状态的蒿草属植物为优势种的植物群落，进行逆向退化演替。随秃斑地面积的增加，原生植被优势种蒿草属植物逐渐被禾本科植物、杂类草和毒害草取代，高寒草甸逐渐被秃斑地景观——"黑土型"退化草地取代。秃斑地是害鼠挖洞，草地土壤下限15cm左右经风蚀和水蚀所产生。

"黑土型"退化草地形成的生物学机制。高寒草甸的秃斑化，是人为不合理的利用植被，在害鼠挖洞作穴导致土壤疏松并在风蚀、水蚀作用下发生和发展的。首先是蒿草属植物的衰退过程，害鼠挖洞造成风蚀、水蚀突破口，然后剥蚀的沙粒撞击、堆积生草层，蒿草植被根系生长受阻而衰退死亡，逐渐形成风蚀、水蚀的秃斑地块，随后秃斑地块周围的生草层在自然冻融作用下，出现不规则的多边形裂缝，裂缝处的植物根系与土层断离。当生草层滑塌剥离形成秃斑之后，又依次成为风蚀源地和水蚀源地，继续向周围山坡或滩地处——植被稀疏地段蔓延。这样年复一年、周而复始的风蚀、水蚀和冻融剥离生草层，而呈现众多大小不一的秃斑地景观，即"黑土型"退化草地。整个过程的主导因素是人为过度放牧，导致秃斑地的形成；害鼠破坏、风蚀、水蚀和冻融剥离等自然因素起到加速"黑土型"退化草地的形成作用。

三、"黑土型"退化草地的治本策略

从"黑土型"退化草地的形成机制来看，要治理"黑土型"退化草地必须采取"防与治"相结合的治本策略。预防"黑土型"退化草地形成的对策是从人类活动角度入手控制放牧家畜的头数，维持稳定的持续的高寒草甸生态系统；治理"黑土型"退化草地的对策应因地制宜，不同退化类型的"黑土型"退化草地将有着不同的治理措施，治理前必须先灭鼠，之后施用化肥和有机肥，种植一年生牧草（燕麦等）和多年生牧草（披碱草等），最终补种密丛型蒿草属植物达到恢复高寒草甸生态系统的目的。

（一）治本策略

治理"黑土型"退化草地的目的在于恢复植被提高生产能力。由于"黑土型"退化草地成因复杂，面积大，自然条件恶劣，采取什么样的治理方法、技术措施、选用何种牧草，必须根据当地的气候、土壤、成因等综合因素考虑，先试验后推广，稳步进行。若草率行事，将会事倍功半或事与愿违，反而对其造成破坏。一般有如下策略：一是天然草地改良；二是建立人工草地；三是建植半人工草地。

(二) 治理后的保护及利用

1.治理后的保护

这是一个关系到治理成败的重要问题。青南地区种植的多年生牧草一般要2~3年才能成熟，利用过早，破坏极大，所以在治理"黑土型"退化草地的同时，必须制定出切实可行的保护管理制度，把治理、保护管理、使用3个环节真正抓好，才能达到有效治理的目的，否则会造成极大的经济和人力的浪费。治理数量不少，实际收效甚微的状况是较普遍的，如不引起重视并加以改变，就会造成治理面积越大、经济损失越重的后果。而群众看不到实际利益就会丧失治理的积极性，给工作带来极大的困难。人工草地和半人工草地建成后，当年要严禁放牧。在利用3~4年后，土壤肥力逐渐下降，根系盘结，地表积累了大量未分解的有机质而逐年板结，应采取松耙、补播同时追施有机肥或化肥等措施。

2.治理后的利用

人工草地主要是以刈割为目的，适宜的刈割期为抽穗期。留茬高度上繁草一般为8~10cm，下繁草一般为7~8cm。在土壤、气候条件较好、管理水平较高的地区，留茬可低些，相反应高些。刈割次数依牧草生物学特性、栽培地区土壤、气候条件、管理水平等不同而异。在"黑土型"退化草地上建植的人工草地以1年刈割1次为宜。半人工草地建成当年，根系和幼苗生长发育缓慢，不能形成草层，应禁止家畜践踏。适宜放牧时期在第二年秋季或第三年春季开始，放牧时要划区轮牧，精确计算出分区的贮藏量、放牧时间的长短和放牧家畜头数；应特别注意适宜载畜量的确定，以免对治理后的"黑土型"草地造成破坏。

(三) "黑土型" 退化草地治理的长期对策

第一，要提高对"黑土型"退化草地治理难度的认识，做好长期治理的思想准备。"黑土型"退化草地是青藏高原严酷的自然环境下的产物。众所周知，高寒草甸草地生态系统极为脆弱，一经破坏很难在短期内恢复，退化草地的治理工作难度是很大的；而且退化草地的治理涉及社会的各个方面，是一项复杂的系统工程。必须在政府部门的统筹安排下，协调各方面的力量才能有所作为。不能希冀在短期内很快取得成功，要有长期治理的思想方面和物质方面的准备。

第二，科技部门要把研究工作的重点放在综合治理上，力争短时间内在蒿草属植物的繁殖技术方面有所突破。研究适于当地条件的混播组合，拿出一定面积的治理示范区，在此基础上进行较大面积的推广应用。

第三，要考虑易地扶贫的路子。在一些草地退化严重的地区，可否将一部分牧民群众搬迁到条件比较好的地区安置，搬迁后的地区实行全封闭，以便尽快恢复植被，这需要政府做出决策。

第七节　毒杂草型退化草地治理

毒杂草凭借对采食、践踏、过度放牧等不良环境条件所形成的较强适应性以及植物间对生存空间、水分养分的竞争能力，个体数量及其在群落中的作用加强，使优良牧草的生长发育受到抑制，加之家畜的过度啃食而不能恢复。在毒杂草危害严重的天然草地上，植物群落建群种的优势地位发生了明显的变化，毒杂草由伴生种转变成优势种，天然草地由禾本科牧草为优势种的顶极群落演替至以毒杂草为优势种的顶极群落，致使天然草地的生产能力下降，变成毒杂草型退化草地。由于长时期高强度的放牧压力，毒杂草型退化草地在我国东北、西北和西南地区的面积呈逐年扩大的趋势。毒杂草大量滋生繁衍，使可食牧草获得营养和生存空间受阻，产量和品质下降，更加剧了草地的过度放牧，牲畜因误食毒害草造成的中毒和死亡率正在逐年上升，严重制约着草地畜牧业生态环境建设的发展。

在20世纪五六十年代，国外就有一系列有毒植物专著问世，近年草地改良的新技术之一就是应用除草剂清除毒害草后再播种优良牧草。国内有关专家学者和基层工作人员都十分重视草地有毒植物的研究与防除，20世纪80年代以来，在有毒植物危害机制和控制毒害草方面取得了一定的成果。[①]

一、草地毒杂草的分类

在草地上，除了生长有价值的饲用植物外，往往还混生一些家畜不

①韩启龙. 青海湖周边地区草原生态环境现状与治理对策[J]. 黑龙江畜牧兽医，2011，(1)：81-82.

食或不喜食的植物，有时甚至滋生对家畜有害或有毒的一些植物。这些饲用价值低、妨碍优良牧草生长、直接或间接伤害家畜的植物，统称为草地杂草。

杂草在全球分布很广，它与草地生态环境和草地管理等有关。目前，全世界由于草地退化，灌丛植被、有害和有毒植物的分布面积逐步扩大。仅美国灌丛植被面积已达 $1.3×10^8hm^2$，地中海地区、非洲、澳大利亚和亚洲及其他大陆，都有大面积的灌丛植被或有毒和有害植物分布。苏联有的地区天然草地上的有毒植物达到或超过50%。吉尔吉斯斯坦为了防除人工草地上的杂草，每年要耗用 $3.5×10^6t$ 除草剂和大批劳力。美国和加拿大因飞燕草中毒而死亡的牛和绵羊占牲畜总数的3%～5%。20世纪60年代初，美国西部草地上每年用于防除杂草所增加的管理费用约为2.5亿美元。

据现有资料统计，我国北方天然草原上散生或成片分布的毒草约200多种，分属40多科，120多属。

根据有毒物质在生长期内所表现的毒害作用，有毒植物分为以下两大类。

(一) 长年性有毒植物

这类有毒植物在天然草地上的种类最多，危害也最大。共计约104种，约占有毒植物总种数的44%。在这些植物中，绝大多数的植物体内含有生物碱，个别种还含有光效能物质等。

生物碱种类很多，毒性极强。家畜采食了含生物碱的植物后，常可引起中枢神经系统和消化系统疾病。生物碱主要存在于大戟科、罂粟科、豆科、茄科、龙胆科、毛茛科等双子叶植物体内，在单子叶植物的百合科、禾本科等的一些品种中也含有生物碱。光效能物质或称光敏感物质主要存在于蓼科的一些植物品种内。它只对白色家畜或是皮肤具白斑的家畜有影响，使家畜出现中枢神经系统和消化系统疾病，并严重损伤家畜的皮肤。此外，在这类有毒植物中，还有一些品种含有大量的硒或钼，对家畜也有毒害作用。

含有上述毒素的植物，经加工调制（晒干、青贮）后，其毒性也毫不减弱。因此，家畜在任何时候采食，都可能发生中毒。

（二）季节性有毒植物

季节性有毒植物是指在一定的季节内对家畜有毒害作用，而在其他季节其毒性基本很小或减弱。即使在其有毒季节内，经加工调制，其毒性也会大大降低。这类有毒植物在天然草地上的比例较大，有70多种，占总有毒植物种数的30%以上。植物体内一般都含有糖苷、皂苷、植物毒蛋白、有机酸和挥发油等。

糖苷（即配糖体），对家畜有强心等生理作用。植物毒蛋白也是一种毒性极大的毒素。家畜采食了含有这些毒素的植物以后，就会引起心脏、肠胃或发疹等疾病。挥发油是一类有特殊毒害作用的物质，对中枢神经系统有强烈的刺激性，常可引起家畜中枢神经系统、肾脏和消化道等疾病。对家畜有害的有机酸主要有氢氰酸。氢氰酸在植物体内是借助于酶的作用，由糖苷分解而成的。它可以导致家畜窒息，并引起各种疾病。

这类有毒植物的毒性都比较弱，且它们在干燥的过程中，体内的糖苷、皂苷的毒性就会迅速下降，氢氰酸逐渐消失，挥发油也因油性散发而失去毒性。

二、草地毒杂草的防除

（一）化学防除

除草剂不但在农业上广泛运用，在毒杂草退化草地上也大量运用。如美国在不同类型的草地上应用除草剂，怀俄明州在$2.0 \times 10^5 hm^2$草地上用除草剂喷洒北美艾灌丛，主要是三齿蒿，效果明显，70%的面积上牧草产量提高1～4倍。新西兰应用飞机喷洒除草剂清除毒杂草。利用除草剂灭草改良草地，在一些国家也极为普遍。如美国西部地区一直利用2，4-D和2，4，5-T消灭草地上的蒿属植物，改良低产草地，载畜量平均提高30%。加拿大安大略省的山区春季用达拉朋（dalapon）消灭原有的低产禾本科草植被，再播种多年生豆科牧草（百脉根），使大面积的低产草地变成了抗旱性强、生长期长的豆科草地。

我国在草地管理中也开始使用除草剂，并取得了一定的成效。湖南省南山牧场1981年6月使用飞机喷洒化学除草剂进行地面处理，每公顷喷洒74%茅草枯4.95kg和80%2，4-D丁酯防除小花棘豆，灭草率超过了80%，毒害草消失后促进了禾本科草的生长，产量提高了4倍。

（二）生物防除

生物防除就是指以草治草，以虫治草，以畜治草。近年来，世界上许多国家已十分重视生物防除杂草的工作，并已取得一定的成绩。杂草的生物防除包括昆虫防除，但昆虫防除杂草并不是唯一的办法。食草动物、其他植物和真菌也可用于防除杂草。

1.利用家畜

放牧家畜可导致草地植物群落的变化。因此，有时人们利用放牧家畜去防除某些毒害草。例如，在金合欢放牧地上，用羊过牧可控制其枝条的生长；在非洲，山羊被广泛用来防除灌木。有些植物对某种家畜无毒害作用，如飞燕草对山羊无毒害作用，因而可以在生长飞燕草的地区放牧山羊，以便消除飞燕草。

2.引进保护或抗生植物

在放牧地上，有些牧草由于生长非常缓慢，播种当年无收获或收获很少，因而可播种伴生作物，这样不仅可以增加当年的收获量，也有利于防止土壤侵蚀，抑制杂草生长。在日本，常利用燕麦、玉米等作为放牧地的伴生作物。研究表明，引进伴生作物对杂草的生长抑制作用比对牧草的影响明显。

另外，也可采用抗生植物抑制草地杂草的生长，特别是利用豆科牧草作为土壤覆盖植物已得到充分的证实。在澳大利亚常利用葛藤有效地抑制多年生香附草。对草地中的不良杂草，特别是狗牙根，利用播种大翼豆、蝴蝶豆、黄大豆、绿叶山麻黄抑制其生长效果也很明显。在毒害草滋生的地方补播草木樨后，结果小花棘豆的数量减少40%～60%。

3.利用昆虫的择食性

引进昆虫进行生物防除也相当有效。澳大利亚最先在仙人掌的生物防除方面取得了较大的成功。缩刺仙人掌和霸王树或霸王仙人掌是草地上的杂草，后来从外地引进了蛾，仙人掌很快就减少了。

在国外，虽然利用昆虫进行防除杂草的研究未达到普遍的应用，但其前途是可喜的。特别是有些杂草如盐生草、矢车菊属、蓟属、飞廉属、大翅蓟属、金雀儿属以及其他许多杂草，利用生物防除的可能性较大。

（三）机械防除法

利用人力和简单的工具以及各种机械防除杂草的方法称为机械防除法。国外利用机具清除灌木的做法极为普遍，如美国常用带有推土铲的拖拉机、带有改良推土铲的拖拉机、圆盘耙和链状钢索清除灌木。

人工铲除杂草和灌木要花费大量劳力，只能在小面积草地上进行。在大面积的草地上最好机械防除。采用机械防除杂草和灌木应注意以下几点。

1. 目标植物的密度和大小

人工铲除杂草或灌木的时间应选择它们侵入草地的早期。小型灌木（冠层直径约为90cm）的密度较低时（低于80株/hm²），可采用人工铲除的方法。对于具有芽生特性的植物，必须把能出芽的根挖掉。对于年龄相同的成年灌木，可用锁链拽的方法加以控制。用推土机铲除密度低而中等大小的树木也有较好的效果。

2. 芽生和非芽生灌木

清除植物时要考虑到植物的芽生特点，非芽生植物比较容易清除，而对于芽生的植物必须挖出其根才能防除。一般来说，用钢索拽或耙片都不能彻底杀死从地下根出芽的植物。

3. 土壤条件

采用什么办法清除植物，要根据土壤条件而定，在沙质土壤上用钢索拽非常有效，不能用推土机和圆盘耙，否则会翻动自然土层，毁坏理想植物，会引起土壤侵蚀，对于过湿的土壤也不宜使用机械作业。

4. 地形

若进行机械作业，为了提高效率，应选择岩石少和地面平坦的地形。

第八节　鼠害型退化草地治理

成灾鼠类的增加，加剧了草地退化。据统计，1978—1999年，我国北方11个省、自治区平均每年鼠害成灾面积近$2.0×10^7$hm²。一是鼠类与牲畜争食牧草，加剧草畜矛盾。鼠类的日食量相当于自身体重的1/3～1/2。布氏田鼠日食鲜草平均为14.5g/只，高原鼠兔日食鲜草66.7g/只。据测算，我国青藏高原至少有高原鼠兔$6.0×10^8$只，每年消耗鲜草$1.5×10^7$t，相当于$1.5×10^7$只羊一年的食量，造成青藏高原牲畜严重缺草。二是破坏草地。

挖洞、穴居是鼠类的习性，挖洞和食草根，破坏牧草根系，导致牧草成片死亡。害鼠挖的土被推出洞外，形成许多洞穴和土丘，土压草地植被，也引起牧草死亡，成为次生裸地，在青藏高原出现的"黑土型"就是鼠害造成的。据统计，黄河源头区因草地鼠害造成的"黑土型"退化草地面积已达 $2.0 \times 10^6 hm^2$，部分草地已失去放牧利用价值。当地牧民忧虑地说："人不灭鼠，鼠将灭人。"[①]

鼠害是草地退化的重要因素之一。我国天然草地鼠类分布广、数量多。常见的啮齿类动物有高原鼠兔、喜马拉雅旱獭和草原田鼠等。其中高原鼠兔和喜马拉雅旱獭对草地危害最大。

灭鼠方法很多，可分为物理学灭鼠法、化学灭鼠法、生物学灭鼠法和生态学灭鼠法4类。它们各有特点，使用时互相搭配，充分发挥各自的长处，以期获得较好的效果。

一、草地鼠害的定义及危害分级

根据中华人民共和国农业部草原监理中心《严重鼠害草地治理技术规程（试行）》中规定，"严重鼠害草地"（rodent damaged grassland）是指主要因鼠类活动和超载过牧等原因引起草地严重退化的次生裸地。其植被覆盖度低于20%，地上植物生物量低于原生草原的20%。如鼠荒地、黑土型、沙化等严重退化草地。"草原鼠害"（rodent pests in grassland）是指啮齿类动物在一定区域内过度繁殖，对草原、人、畜造成损失及危害的统称。

二、草地鼠害的治理与控制

（一）综合治理

从生物与环境的整体观念出发，本着安全、有效、经济、实用的原则，因地因时制宜，合理运用生物的、化学的、物理的、农业的方法，以及其他有效的生态学手段，把鼠害控制在不致危害的水平，达到维护

①景增春，王文翰，王长庭，等. 江河源区退化草地鼠害的治理研究[J]. 中国草地，2003，25(6)：37-41.

生态安全和增加生产的目的。

（二）持续控制

在采取生物、化学、物理、农业等措施治理害鼠后，采取保护和利用天敌、改变害鼠适生环境等生态治理技术的综合配套措施，使鼠类密度长期控制在经济阈值允许水平以下。

三、草地鼠害的治理区域确定

（一）确定标准

鼠类破坏草地原生植被面积超过80%；使植被稀疏，群落结构简单化，植被覆盖度低于20%；地上植物生物量低于原生草地的20%。

（二）治理区域确定

经害鼠密度、危害等级以及植被盖度、植物生物量调查，达到治理标准的区域确定为治理区域。

四、草地鼠害的治理方法

以围栏封育为主，同时结合生物防治、化学防治、物理防治、补播、施肥、灌溉、管护和合理利用等措施进行综合治理。

（一）围栏建设

采取围栏保护措施，对严重鼠害草地进行禁牧封育，以利于植被恢复。

（二）生物防治

运用对人、畜安全的各种天敌因子来控制害鼠种群数量的暴发，以减轻或消除鼠害。生物防治面积应达到当年年度防治总面积的70%以上，主要方法有以下几种。

1.天敌控制

近年来，草地鼠害防治工作日益趋向于采取综合治理措施，走保护鼠类天敌来进行生物灭鼠的路子。鸟类中的猛禽鹰、猫头鹰等都是鼠类著名的天敌。据资料显示，在它们的食物中鼠类的遇见率高达75%。1只成年鹰1日内捕食20～30只野鼠，捕食范围可超过600m，几个月内能把1km范围内的鼠捕尽。利用天敌来控制害鼠种群数量增长，方法主要有保护、招引、投放等方式。保护草地上捕食害鼠的鹰、雕、猫头鹰、猫、蛇类、沙狐、赤狐以及鼬科动物等益兽益鸟，禁止猎取和捕杀。在草地开阔处建设鹰墩、鹰架，开展招鹰灭鼠活动。

架设人工鹰架技术如下。

鹰架的设计。鹰架采用钢筋混凝土结构，呈"丁"字式直立。架杆规格为0.15m×0.1m×3.5m，顶部横梁规格为0.8m×0.1m×0.05m。鹰墩的墩高为5～6m，呈圆锥形，锥底直径为1.5m。采用石块泥砌3～4m后，上竖2m高的混凝土直杆，顶端固定一个"十"字架，规格为0.5m×0.05m×0.05m。

地段选择。架设鹰架应选择地面平坦、开阔、离山及道路远、草地植被稀疏、植株低矮、草地退化、鼠害较严重的地段。鹰架的设立应选在鼠类最适宜生存的地段，使其生活习性与生态要求一致，达到鹰鼠"相克"，恢复和维持生态平衡，最终控制鼠害的目的。

架间有效距离。设立鹰架能有效控制草地害鼠的种群密度，减轻鼠类对草地的危害。天然草地防治鼠害，鹰架间距以500m为宜。距离过短，不能发挥最大的经济效益。若间距太大，防治效果会相对降低。但在地形复杂的地段鹰架间距可以缩小到250m左右，地形极为开阔的地带可扩大到600m。

2.生物农药治理

选择由害鼠的病原微生物，或由微生物、植物等产生的具有杀灭作用的天然活性物质研制成的杀鼠剂，制成毒饵灭鼠。

C型肉毒梭菌外毒素是一种嗜神经性麻痹毒素。鼠类进食毒饵，毒素由胃肠道吸收进入血液循环，选择性作用于颅脑神经和外周神经使肌肉麻痹。表现为精神萎靡，食欲废绝，全身瘫痪，最后死于呼吸麻痹。死亡时间与毒素中含毒量有关，一般采食后的第3~6天死亡。C型肉毒梭菌外毒素毒性强、适口性好，对动物中毒作用缓慢、死亡速度适中，而对人、畜则较安全，不伤害鼠类的天敌和其他动物，无二次中毒，不污染环境，属于理想的高效、安全、无残留毒的生物灭鼠剂。

1) 毒饵的配制

不同鼠种应配制不同含量的毒饵，如配制100kg含毒量为0.1%的燕麦毒饵时，先将100mL毒素液倒入8L冷水中稀释，再将稀释液倒入100kg燕麦中反复搅拌均匀，使每粒饵料都沾有毒素液，然后堆积并盖塑料布闷置12h即可投饵灭鼠，即毒素液、水、饵料的配比为1∶80∶1000，每667m²施毒饵约750g。

2) 配制毒饵注意事项

配料用水：河水、自来水均可，但忌用碱性水，略偏酸性为好，必须用冷水。

水的用量：一般为饵料的6%~8%，不同的饵料用水量也有差别，拌制成的毒饵不能太湿或太干。

冻结保存水剂C型肉毒梭菌外毒素的瓶子，宜放在冷水中使之慢慢溶化，不能用热水或加热溶化。

C型肉毒梭菌外毒素宜与燕麦、青稞、小麦等谷物配制毒饵。拌制、投饵及灭鼠人员要戴口罩、手套，切忌用手接触毒剂、毒饵，操作完后做好自身消毒。

配制毒饵要专人加工配制，要严格按规定的比例进行，不要在房屋、畜圈、水渠、水井附近拌制，不许畜禽和无关人员靠近。

C型肉毒梭菌外毒素毒饵残效期短，因此在投毒饵时一定要做到随拌随投放。拌制的毒饵最好在3天内用完。投饵方法及质量与灭鼠效果关系极大，投放毒饵方法与化学药物毒饵投放方法基本相同。

（三）化学防治

把化学杀鼠剂拌入或通过药液浸泡将有效成分吸入诱饵制成毒饵，然后把毒饵投放在洞口附近或洞内灭鼠。

杀鼠剂的选择和管理必须严格依照《农药管理条例》和《草原治虫灭鼠实施规定》有关条款执行。杀鼠剂必须具有"农药登记证""产品标准""生产许可证"（或"准产证"），应高效、低毒、低残留、经济、对人畜安全。杀鼠剂使用说明书须有人、畜误食或接触中毒后的急救措施与特效急救药等说明。严禁使用有二次中毒和可能造成严重环境污染的杀鼠剂。

在毒饵投放方法中，各种地面投放毒饵的方法必须保证人、畜安全，并应在禁牧的前提下进行。主要投放方法有：①按洞投放法。在划定的区域内按鼠洞的多少依次将毒饵投放于洞口旁10～20cm处；②均匀撒投法。可用飞机、专用投饵机操作，也可人工抛撒；③条带投饵法。根据地面鼠的活动半径确定投饵条带的行距，可徒步或骑马进行条投。

投饵行距参考数据：布氏田鼠20～30m，长爪沙鼠、高原鼠兔30～40m。

常用配制毒饵的饵料有燕麦、青稞、小麦、蔬菜、青草、青干草等。常用的黏附剂为青油和面糊、糌粑等。

配制毒饵的方法：0.5%甘氟燕麦毒饵，其比例为甘氟0.5kg，水10L，燕麦100kg，再加少许青油。

配制时，先将甘氟用水（冷季用温水）稀释，然后把燕麦投入盛甘氟水溶液的金属容器中，搅拌、浸泡，经24h后，浸至燕麦将药液全部吸干为止，再加青油搅拌均匀即可。

投放饵料的方法：在统一指挥下，沿规划线一字排队，每人间隔3～4m，见鼠洞投放毒饵，每有效洞口投放毒饵10～15粒，要求不漏投、不重投，保质保量。

灭鼠季节：毒饵法消灭鼠类的最适宜时期是冬、春季节（11月份至第二年3月份）。因这一时期植物全部枯死，根茎型植物的根芽还未萌发，随着气温的下降，土层冻结，食物减少，鼠类觅食困难，这时撒布人工毒饵，鼠类容易贪食而中毒死亡。此外，雪后灭鼠具有独特的效果。雪后，凡无鼠洞皆被雪封闭，而有鼠洞口则被鼠重新挖开；同时，地面上可食的食物皆被雪覆盖，增加了鼠类采食毒饵的机会，此时在鼠洞口投放毒饵，灭效很好。

（四）物理防治

利用器械灭鼠。根据不同鼠种的习性选择不同的方法，主要方法有以下几种。

1.夹捕法

1）地面鼠

在洞口前放置放有诱饵的木板夹、铁板夹和弓形踩夹捕杀。

2）地下鼠

探找并切开洞道（暴露口越小越好），用小铁铲挖一略低于洞道底部且大小与踩夹相似的小坑，放置踩夹，并在踩板上撒上虚土，最后将暴露口用草皮或松土封盖，不致透风。

2.鼠笼法

放置关闭式铁丝编制的捕鼠笼捕杀地面鼠。

3.弓箭法和地箭法

利用鼢鼠封堵暴露洞口的习性，安置弓箭或地箭进行捕杀。具体放置方法是：探找并掘开洞道，在靠近洞口处将洞顶上部土层削薄，插入粗铁丝制成的利箭，设置触发机关，待鼢鼠封堵暴露洞口时触发机关，利箭射中鼢鼠身体而达到捕杀目的。

（五）不育控制

利用化学不育剂防治技术控制害鼠种群的繁殖率，减缓害鼠种群数量，增加速率。

五、草地鼠害治理后的植被恢复与重建

在采取上述方法灭治害鼠的同时，通过播种、补播、施肥、灌溉、合理利用等综合技术，恢复草地植被，使害鼠密度长期维持在经济阈值允许水平以下。鼠害治理后的植被恢复与重建参考NY/T 1342—2007《人工草地建设技术规程》实施。

第七章　退化草地生态系统的管理

第一节　退化草地生态系统的改良措施

　　草地生态系统受各种自然因素与人为因素影响导致退化都不利于人们充分利用草地资源来发展草地畜牧业。草地生态系统多半处于我国的干旱、半干旱地区，除了体现其生物生产的生态系统功能外，还起着对草地地区的生态环境以及邻近草地地区的生态环境稳定与保护作用。因此，对各种退化的草地必须施以各种有效的技术方法，使退化的草地尽快得以恢复。

　　退化草地的恢复技术大致包括物理技术、化学技术、工程技术和生物生态技术等。在实践中，这些技术有时单独实施，有时又相互结合共同使用，以期达到良好的草地恢复效果。以下分别简要介绍几种主要的退化草地治理技术。①

一、物理技术

　　"沙压碱"是一种改造盐碱化草地的物理技术。这项技术是人们在多年的实践中总结出来的，并形象地描述为"沙压碱，赛金板"。

　　"沙压碱"技术的具体特点是方法简单、容易实施、见效较快、成本相对较低。

　　"沙压碱"技术的基本原理（图7-1）就是通过向盐碱化的草地土壤中"掺沙"，使盐碱化土壤的物理结构和化学性质得以改变，最终降低土壤的盐分和碱分，使植物容易在"掺沙"的土壤中生长繁殖。由于沙粒比盐碱土壤的颗粒粗大，当沙粒与盐碱土混合后，能够产生2种作用。第一是混合的土壤颗粒之间的孔隙较大，大于毛细管孔隙，这样可以抑制

---

①陈功. 草地质量监控[M]. 昆明：云南大学出版社，2018.

地表通过毛细管蒸发水分，因此土壤中盐碱成分就不能上升到地表积聚；第二是原来的盐碱土壤由于沙土的混合，渗透性增强，当雨水降落到土壤中后，很容易淋溶土壤中的盐碱成分。在吉林省通榆县的大面积盐碱草地上，经过4年的"沙压碱"试验，改良获得了成功。盐碱土压沙改良前后土壤性质变化情况见表7-1。

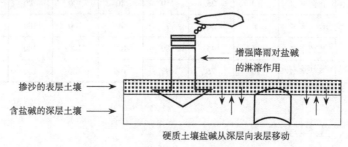

增强降雨对盐碱的淋溶作用

掺沙的表层土壤 →

含盐碱的深层土壤 →

硬质土壤盐碱从深层向表层移动

图7-1 "沙压碱"技术的基本原理

表7-1 盐碱土压沙改良前后土壤性质变化情况

项目 处理	取土深度 /cm	物理性黏粒 （<0.01mm)/%	物理性沙粒 （>0.01mm)/%	土壤质地	含盐量 /%	备注
压沙改良前	0~20	52.07	47.93	轻黏土	0.157	
压沙改良后	0~20	23.23	76.77	轻壤土	0.062	连续压沙4年

在盐碱化草地的土壤得到改善后，可以种植适应性较强的优良牧草。例如，在东北松嫩盐碱化草地上种植羊草、野大麦和碱茅等植物。如果希望提高种植植物的出苗率与存活率，应该增加掺沙量或铺沙厚度。已有研究表明，在铺沙厚度达到11cm时，羊草、野大麦和碱茅等植物能够良好地生长（表7-2）。

"沙压碱"技术在实践中得到一定应用，取得了一定效果，但也有一定的局限性。首先是"沙源"的问题。要采用这种技术，需要改造的盐碱化草地附近应有一定储量的沙土。没有"沙源"条件，这种技术的实施就受到限制。其次是改造成本问题。"沙压碱"治理盐碱化草地的成本包括挖沙、运沙、铺沙、翻耕，以及草种、种草人工费等，一般在3000元/hm²左右。上文谈及的成本相对较低是针对化学技术而言的。另外，在利用"沙源"过程中，必须考虑挖沙是否会造成"沙源"地区植被破坏。

表7-2 "沙压碱"对植物生长的影响

铺沙厚度/cm		0	5	7	9	11	13	15
羊草	出苗率/%	5	10	30	70	100	100	100
	存活率/%	0	35	65	85	100	100	100
野大麦	出苗率/%	10	25	50	80	100	100	100
	存活率/%	5	40	70	90	100	100	100
碱茅	出苗率/%	15	45	80	100	100	100	100
	存活率/%	10	75	90	100	100	100	100

二、工程技术

(一) 盐碱化草地治理的工程技术

治理盐碱化草地的工程技术主要是对盐碱化草地建立排灌设施，通过有效的排水与灌溉措施，逐渐降低草地土壤中的盐分和碱分，即脱盐或脱碱，最终使退化的草地恢复到原来或接近原来的正常状态。

对盐碱化草地实施排水，这种技术是从形成盐碱化土壤的原因入手考虑的。

正常情况下，土壤中含有多种盐分和碱分。这些盐分和碱分多以离子的形式存在。土壤中盐分和碱分中的一些离子是植物生长的必需营养元素，而有些离子则对植物没有太多益处，特别是当这些离子的浓度较高或富集时，可能会使植物出现毒害。土壤中的水溶性盐分离子与碱分离子积聚的过程称为土壤盐渍化，或称为土壤盐碱化。盐碱化土壤中的可溶性盐类包括 Na^+、Mg^{2+}、Ca^{2+}、Cl^-、SO_4^{2-}、CO_3^{2-}、HCO_3^- 等离子。盐分离子与碱分离子在土壤中的运动是通过水分运动完成的，草地某一地段土壤中的地下水位升高过程中，可溶性的盐分就由土壤深层转移到表层甚至是地表。实际上，盐碱化严重的草原地区，如东北松嫩草原，主要由于地势平坦，水流排泄不畅，草原上的地下水位很高，可达1m左右，从而导致土壤中的盐分含量增高。土壤含盐量与地下水埋藏深度的关系如图7-2所示。

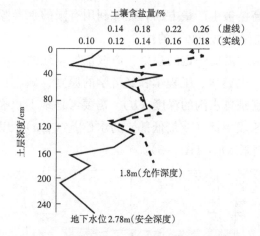

图7-2　土壤含盐量与地下水埋藏深度的关系

　　通过对盐碱化草地建立有效的排水设施可以抑制盐碱化过程。排水对抑制盐碱化过程的功效为：第一，排水设施的建立能加速排涝、泄洪，直接降低草地土壤中的地下水位，土壤深层中盐分不能过多地移动到表层；第二，尽管草原地区的自然降雨对土壤中的盐分和碱分有淋溶作用，但是如果没有有效的排水设施，土壤中被淋溶的盐分离子和碱分离子仍然会停留在表层土壤中，淋溶作用的效果受到影响。而当排水设施良好使用后，降水的自然淋溶作用得到增强。

　　对于基础设施较好的地区，如果给予一定的人工灌溉，可加强盐碱化草地的脱盐过程或脱碱过程。但需要注意的是，实施人工灌溉应该与排水密切结合。如果没有顺畅的自然与人工排水设施，或者灌溉的用水过多，出现局部的积水、易涝现象，不仅达不到通过灌溉洗盐、洗碱的目的，还会加剧土壤的盐碱化过程。

　　具体建立排水设施可以结合草地的地形地势而因地制宜。最有效的途径是直接借用或利用天然的河沟、湖泡。自然河道是经过长年的地质与水文变化形成的。自然河道作为大区域中的排水泄洪天然网络，通常排水能力强，而且比较畅通。在草地发生盐碱化的地区，首先可以借助自然河道作为排水或灌溉的干线，然后在局部地段上挖掘水渠或水沟作为支线，支线与干线共同构成盐碱化草地的排水网络。

　　一般来说，由于建设成本的限制，在天然草地上不可能建立大规模的水利工程。从将来的发展趋势看，随着社会经济水平的提高，在有些地区或特殊地段上还是可以考虑建立固定的水利工程设施。不仅从治理盐碱化草地提高植被生产量方面，能够利用有限的水资源，而且对于草地畜牧业的效益提高也是必要的。

具体的排水沟需要一定的规格，应该依据草地的排水目的，以及地质学、生态学、土壤学、工程学和经济学的原则，确定相应的深度、宽度和形状。特别是排水沟的深度（H），需要考虑地下水临界深度（H_K）、排水沟与排水地段中部（或最低部）的水位差（$\triangle h$），以及排水沟的设计理论水深等因素（h_0）（图7-3）。

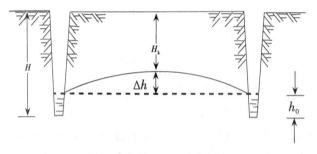

图7-3 盐碱地排水沟的模式

此外，也应该考虑排水沟的密度。在盐碱化草地挖掘的排水沟密度较大，实际上对草地还有较大的破坏作用，然而排水沟密度较低又不能达到排水效果。在我国黄淮平原盐碱地的实验表明，每一条排水沟的脱盐影响是有限的，排水沟的脱盐范围是500～600m。可见，排水沟的密度与效果相互关联，在实际建设过程中，这也是一个难以准确估测的量。

（二）沙漠化草地治理的工程技术

沙漠化草地的治理有多种技术，其中也包括采取工程技术措施。

应用工程技术的目的主要是固沙。在沙漠化十分严重的草地，植被变得稀疏，盖度下降，植被着生的土壤逐渐向沙质演化，植被着生的固定沙丘向半固定沙丘乃至流动沙丘变化。治理沙漠化严重的地段，首先需要将土壤（流动沙丘）固定，然后考虑草地植被的逐步恢复。俄罗斯、土库曼斯坦等国在治理沙漠化的最初阶段也都采取工程技术措施。

我国在一些地区也应用工程技术手段进行固沙，如在甘肃省、宁夏回族自治区、新疆维吾尔自治区、内蒙古自治区等。虽然实施固沙的目的可能主要是保护铁路交通路线，但是固沙的结果是逐渐恢复或形成沙生草地植被。

应用工程技术固沙，就是通过工程的办法铺设多种沙障，改变沙地下垫面的性质，降低风速，防止风蚀和阻沙。在施工过程中铺设的沙障可以是混凝土式、木式、草捆式等。其中，草捆作为沙障值得推荐。因为草捆（包括苇席）是生物材料，在草地获得制造草捆的原材料丰富，成本较低；另外草捆中的植物可以快速降解，降解后的成分对土壤来说本身就是肥料。固沙草捆的形状可以是直线，也可以是方格。直线草捆的铺设一般按照风向平行铺放，方格的草捆相对随意。

实际固沙过程中，多采用铺设草方格沙障时，应该合理地确定草方格沙障之间的距离，即确立合理的防沙栅栏密度，以期达到最大的固沙效果。

总体而言，应用工程技术治理退化的草地生态系统是可行的。应用工程技术的优势是在自然条件比较差的地方也能适用，如沙漠化严重的地段通过其他技术手段难以治理。应用工程技术的缺点是一般工程的实施成本较高，包括工程使用的原材料、施工过程使用的机械等。如果在实际的治理过程中能够降低成本，工程技术措施是可以选择的。

三、化学技术

采用各种化学技术也能够有效地治理退化草地生态系统。近几十年，这种技术经过大量实验，已经获得世界各国的肯定。

退化草地治理中采用的化学技术，主要是针对草地土壤实施有效的恢复。即通过化学手段使各种退化的土壤，如盐碱化土壤、沙漠化土壤等发生良性的改变以后，植被自然得到恢复。

化学技术的关键问题是化学药剂。对于改良盐碱化土地施用的化学药剂可称之为化学改良剂，对于改良沙漠化土地施用的化学药剂可称之为化学固定剂。这些化学药剂绝大部分可以通过化学提取、合成得到，也可以通过其他途径得到。例如，工业、农业生产或生活中得到的副产品——玉米深加工过程中的废水、工业废渣中的磷石膏、工业与生活使用的煤渣废物等。

使用化学药剂改良退化草地的原理比较复杂，不能一概而论。对于盐碱化过程的作用，化学改良剂表现在2个方面：其一是对盐碱土壤的中和、调节作用。盐碱土壤一般呈较高的碱性，pH大于7，甚至高达10左右。化学改良剂的酸碱度正好相反，趋于酸性，pH小于7。施用后，土壤中的酸碱中和，改善了植物根系的生长条件。其二是使用化学改良剂能够改变土壤中的 Na^+、Mg^{2+}、Ca^{2+}、Cl^-、SO_4^{2-}、CO_3^{2-}、HCO_3^- 等可溶性盐类的浓度，尤其是对植物生长危害最大的 Na^+（盐性）、HCO_3^-（碱性）的浓度。所以化学改良剂实际上是将土壤的化学性质，即酸碱性与离子浓度进行了改变，从而使土壤条件向有利于植物生长的方向变化。

化学改良剂的种类较多，大体上包括含钙类物质和酸性物质。这些化学改良剂都是复合物质。在许多实验中应用的含钙类物质有石膏、过磷酸钙、磷石膏等，酸性物质有腐殖酸类肥料（草炭、煤渣）、硫黄、黑矾等。

直接在盐碱化土壤上施用石膏能明显地改善土壤中的离子组成，特别是降低了 Na^+、HCO_3^- 的浓度；而且随着施用石膏（瓦碱）量的不同，土壤的改良效果有差异（表7-3）。此外，也有较多实验施用磷石膏的。车顺升、罗三强的试验研究表明，工业废渣磷石膏能改变盐碱地土壤化学性质，降低土壤耕层pH 0.1～0.2个单位，同时使脱盐率提高11.3%～21.6%，土壤碱化率下降10.3%～22.8%。施磷石膏前后耕层土壤化学性质变化结果见表7-4。

表7-3 石膏不同施用量改良瓦碱的效果（采土深度为0～20cm）

处理	pH (1:1悬液)	全盐/%	离子组成/mmol·(100g±)⁻¹							阳离子交换量/mmol·(100g±)⁻¹	交换性钠/mmol·(100g±)⁻¹	碱化度/%	皮棉增产/%
			CO_3^{2-}	HCO_3^-	Cl^-	SO_4^{2-}	Ca^{2+}	Mg^{2+}	K^+,Na^+				
对照	8.6	0.07	0.25	0.43	0.10	0.27	0.05	0.04	0.96	6.00	0.96	15.96	
200斤/亩	8.3	0.23	0	0.17	0.02	2.80	1.71	0.56	0.72	5.58	痕迹	—	24
400斤/亩	8.3	0.45	0	0.15	0.07	6.48	4.00	1.20	1.50	5.30	痕迹	—	16
600斤/亩	8.3	0.67	0	0.12	0.19	9.73	7.92	2.01	0.11	5.67	痕迹	—	5

注：1斤=0.5kg；1亩=666.7m²。

表7-4　施磷石膏前后耕层土壤化学性质变化结果

分析项目	测定时间	处理				
		CK	I	II	III	IV
pH	试前	8.1	8.1	8.1	8.1	8.1
	试后	8.0	8.0	8.0	7.9	7.9
全盐/%	试前	0.465	0.442	0.459	0.476	0.559
	试后	0.301	0.236	0.245	0.224	0.241
补钠(mol/100g)	试前	1.613	1.623	1.259	1.653	1.364
	试后	0.987	0.825	0.654	0.762	0.523
碱化度/%	试前	11.75	13.48	8.46	12.34	9.70
	试后	10.70	8.68	5.28	6.56	4.61

注:CK表示对照样;I、II、III、IV分别表示不同处理水平的样品。

　　无论是施用石膏、磷石膏还是其他化学改良剂,都要注意具体的施用技术。这些施用技术包括施用量、施用时期和施用方法等方面。施用量是指单位土地面积上能够达到改善盐碱化土壤实际效果的最低需要量。显然,依据土壤的盐碱化程度以及施用化学改良剂的效力才能够准确地确定施用量。其中土壤交换性盐基总量以及交换性钠的相对量和绝对量是主要考虑的依据,应该通过实际试验来获得这个施用量范围。一般的盐碱化土壤改良,需要石膏$4 \sim 6t/hm^2$,重度的可增加到1倍的水平。例如,在东北的松嫩盐碱化草地中盐碱化十分严重的地段,需要施用石膏约$12t/hm^2$。施用磷石膏可以适当减少用量,因为磷石膏的效力通常高于石膏,而且这种化学改良剂中含有磷元素,磷元素同时也可作为肥料被施入土壤中。其次是化学改良剂的施用时期。这也是一个不可忽视的问题。如果施用时期适宜,改良的效果能够充分体现出来。一般选择春夏的高温多雨时期。一方面可以借助自然降雨,另一方面也有利于化学改良剂与土壤中的盐分离子充分交换反应。在我国的中原地区和长江地区可以选择春夏时期,在东北地区和西北地区只能选择夏秋的多雨季节。最后就是化学改良剂的施用方法,通常采用集中施用(穴施、沟施),或者均匀施用。后者常与耕翻相结合(先耕翻后施用、先施用后耕翻),以期达到良好的施用效果。

　　施用化学改良剂治理盐碱化草地,既能利用化学物质的离子交换和酸碱中和作用,也能利用这些化学物质对土壤的物理作用。例如,施用腐殖酸类肥料草炭和煤渣，草炭和煤渣在与土壤的混合过程中，改善了盐碱化土壤的物理结构，增加了土壤的通透性和保水性，由此提高了草地土壤的淋溶洗盐、洗碱效果。

采用化学技术治理退化草地，从技术角度无疑是可行的。这种技术的优点是一次性投入就可以立即见效，相对比较简单。但是这种技术的成本较高，在东北松嫩盐碱化的羊草草地的研究表明，改良 $1hm^2$ 的重度盐碱化草地，如果施用石膏量以 $1.25kg/m^2$ 计算，需要石膏 12.5t，假设石膏的价格 300 元/t，改良成本是 3600 元/hm^2，可见应用化学技术的改良成本很高。在草地出现大面积盐碱化的情况下，几乎不能考虑这一技术的使用。

四、生物生态技术

对于退化的草地生态系统治理除了以上谈到的物理技术、化学技术和工程技术外，还有生物生态技术。生物生态技术又称生物改良技术。针对不同退化程度的草地，以及各个地区不同类型的退化草地都可以实施生物生态技术。生物生态技术的出发点就是利用生物生态学原理（或理论），依靠草地植被自身的"潜力"，即恢复力稳定性，再实施人为各种措施，包括种草、植物移栽、铺设枯草、施肥、灌溉等，以使草地植被出现有利于人类的进展演替，草地土壤与植被共同向着正常的稳定状态发展。在实际退化草地治理过程中，生物生态技术的应用也常常结合其他技术，特别是在退化十分严重的地段上，采用多种技术的综合措施会收到更好的治理效果，而且能够缩短草地的恢复时间。以下是几种生物生态技术的基本介绍。

（一）退化草地的封育恢复

一般认为，草地封育是草地管理或者草地复壮的一种技术措施。实际上对于退化的草地，围栏封育同样是一种十分有效的生物生态技术措施，最近全国各地都大力提倡这种技术方式。

当草地被长期放牧或者割草后，草地植被以及土壤肥力都会出现不同程度的衰退，如果对草地的利用一直保持在一个较高的利用强度水平上，无论是天然草地还是人工草地，在较短的时间内就会出现退化现象。那么，在草地的生产力出现衰退但没有遭到根本破坏时，应立即停止使用草地，对草地进行完全的或者有限的（时间和面积）的封育，草地植被与土壤会得到很快的恢复。如果草地退化的程度极其严重，从理论上看，草地封育也能取得一定效果，但是恢复需要的时间将十分漫长。

草地封育的原理就是充分利用自然植被内部的恢复力稳定性。自然植被都具有这种特殊的能力，它们能够从草地之外源源不断地获得能量和物质，如太阳辐射能、自然降水和固定氮素。经过群落的结构与功能整合，实现群落的自然更替，在此过程中草地的生产能力也就得到了恢复，达到了原来的水平。

草地封育的时间和面积没有特定的要求，可以随着草地改良的要求而定。如果将草地围栏与日常的放牧（划区轮牧）结合起来，就需要确定草地封育的时间和面积，或者确定是哪些轮牧小区需要封育。

草地封育的成本最低，只需要计算草地围栏的材料、人工费用和管理费用即可，这也是该技术能够在我国广泛推广的主要原因。如果希望加速退化草地的恢复速度，除围栏之外，可以增加对草地的施肥、种草、翻耕等投入，当然也会由此增加草地封育的经济成本。

(二) 人工种草的快速恢复技术

人工种草是退化草地生态系统恢复治理的主要技术手段，这种技术在我国已经得到认可与广泛应用。人工种草的出发点是直接恢复草地植被，即在退化的草地上，通过人工或者人工辅助选择性地种植一些植物或牧草，使草地的生产性能逐步得到恢复的技术。目前人工种草的技术较多，在此主要介绍几种应用比较广泛的有潜力的技术方法。

1.利用植被演替理论的种草模式

草地退化过程中草地植被发生明显地逆行演替，其直观表现是植被组成中的植物种类逐渐改变，草群中的优势种、伴生种、指示种的比例和出现频率有规律地消长。实际上在草地植被退化过程中，伴随着植被中植物种类的变化，植被的结构与生产功能也会不断下降，植被对其着生土壤及其群落小环境的改造作用也逐渐降低，土壤也随植被相应出现退化。也就是说，退化草地不同阶段的植被（包括主要植物种）与其土壤条件相一致。

2.利用增加生态积累的铺设枯草层技术

草地退化的原因之一是过多地采食牧草使草地植被的生态积累严重不足。因此，增加生态积累可以恢复退化草地。增加生态积累可以通过降低家畜对草地植物的利用率来实现，家畜减少采食牧草，相当于增加了植物与土壤之间的物质与能量的交换。

3.利用植物无性繁殖能力的移栽技术

植物一般同时具有无性繁殖能力和有性繁殖能力，以此进行后代的繁衍。草地上的大多数植物都具有较强的无性繁殖能力，特别是多年生植物，相反它们的种子繁殖能力较弱。植物常以根茎、芽等器官进行无性繁殖，不断从这些繁殖器官生出新的枝条或植株，特别是一些禾本科植物，一定强度的放牧能够刺激植物芽从休眠状态转入活化状态，从而增加分蘖率，萌生大量植株。植物的这种无性繁殖能力能用来改良退化草地。

将具有无性繁殖器官的植物的一部分，通过处理或者直接移植到退化草地的土壤中，只要土壤条件能够达到植物生长的基本需求，这部分植物体就能长出新植株，新的植株还能够继续繁殖，最终能够增加草地的植物密度，提高草地植被的盖度和生产力。利用植物无性繁殖进行移栽是一种快速的种草技术。

第二节　草地生态系统的施肥与灌溉

施肥是提高草地牧草产量和品质的重要措施，也是草地集约化经营的重要内容之一。合理的施肥可以改善草群成分和大幅度地提高牧草产量，并且增产效果可以延续几年。草地施肥一方面可以提高牧草中氮、磷、钾等营养元素的含量，改变牧草的化学组成成分，从而提高牧草质量和增加产量；另一方面可增强优质牧草的竞争力，抑制杂草生长，同时起到保护草地生产力的作用。施肥还可以提高家畜对植物的适口性和消化率。据报道，施用硫酸铵可使草地干草中可消化蛋白质提高2.7倍。草地施肥要达到较好的效果，必须根据当地自然条件、草地类型及牧草利用方式等因素来考虑。[①]

①万金泉，王艳，马邕文. 环境与生态[M]. 广州：华南理工大学出版社，2013.

一、草地土壤及植物的营养诊断

草地植物主要从土壤吸收所需的营养物质。土壤中营养物质贮藏量的多少直接影响牧草的生长发育。草地施肥之前必须掌握草地土壤中有效养分的含量，并确定不同牧草的需肥率。下面是一些确定土壤肥力的方法。

(一) 土壤分析法

采用土壤分析法，从土壤中提取有效的营养物质，分析土壤有效养分含量的高低，如硝态氮、铵态氮、有效磷、钾的含量，并参考与之相对应的土壤肥力，确定牧草需要量与土壤供应能力之间的差别。

(二) 牧草营养诊断

采用不同的化学试剂，从植物中提取浸提液，测定其无机氮、无机磷和无机钾的含量。对于微量元素缺素症状的诊断，还可以进行根外喷施诊断，将含有微量元素的可溶性盐配成一定浓度的溶液，喷在病株茎叶部，或涂在得病的叶片上，或将病叶浸在溶液中 $1 \sim 2h$，隔 $7 \sim 10$ 天后观察病叶恢复情况。

(三) 病症诊断法

植物缺乏必需元素的病症对诊断施肥的适当时期和种类颇有用处。但是必须注意，每种植物病症不一，而且缺乏元素的程度不同表现也不同。例如，虽然土壤中有适量的锌存在，但大量施用磷肥时，植株吸锌少，呈现缺锌病症，重施钾肥，植株吸锰和吸钙少，出现缺锰病和缺钙病。

二、草地合理施肥

在草地生产中，因常年放牧或割草，必然要从土壤中取走一定量的养分，因此要想恢复地力和增加产量就应正确施肥，归还或补充从土壤中取走的养分。

（一）植物需肥的规律

植物常常根据自身的需要对外界环境中的养分有高度的选择性。一般土壤中含有较多的硅、铁、锰等元素，但植物却很少吸收它们。相反，植物对土壤中有效成分较少的氮、磷、钾却有较多的需求。由于植物具有选择吸收的特性，因此必然会造成土壤肥料中的阴、阳离子不平衡的现象，必须合理地施肥来保持土壤养分比例的平衡。这就需要根据植物的种类差别和产量来确定吸收营养元素的数量和比例进行施肥。

此外，虽然各种牧草都需要各种必要元素，但不同种类牧草对三要素所要求的绝对量及其相对比例都不一样。由于牲畜对草地牧草采食部位不同，大部分以采食茎叶为主。因此，植物在生长时，需要施氮肥，使茎叶繁茂。同一种牧草在不同的生育期对矿质元素的要求也是不同的。在萌发期，因种子及其他繁殖器官本身贮藏大量营养物质，故不需要外界肥料。随着幼苗的长大，吸肥能力逐渐增强。将近开花、结果时，需矿质养料最多。以后随生长的减弱，吸收下降，需肥量逐渐减少。

（二）追肥的形态指标

草地上牧草多以施肥来满足草地植物茎叶生长的需要，而施肥的指标则应根据植物的外貌特征和叶色来衡量。这些反应植物需肥情况的外部形状，称为追肥的形态指标。

草地植物的外貌是很好的追肥形态指标。氮肥多，植株生长很快，叶长而柔软，各种植物维持本身特有的株丛结构和株型，草地呈现出一片绿色景象。相反，氮肥不足，植物生长慢，叶短而直，株丛形状也有所改变。

植株的叶色也是个很好的追肥形态指标。叶色是反映植物体内的营养状况（尤其是氮素水平）的最灵敏的指标。叶色深，说明氮和叶绿素含量均高，叶色浅，两者均低。同时，叶色是反映植物体内代谢类型的良好指标。叶色深的植物，由于体内氮素积累多，生长快，光合产物大多数运到新生器官，同时消耗大量碳水化合物以形成新的蛋白质。所以生产上常以叶色作为施用氮肥的指标。此外，叶色反应快、敏感，施用无机氮肥3~6天后颜色即变。

（三）根据土壤肥力施肥

沙质土壤肥力低，保肥力差，应多施有机肥作基肥，化肥应少施、勤施。壤质土壤有机质和速效养分较多，只要基肥充足，必要时适当追肥就可获得高产。黏质土壤或低洼地水分较多的土壤肥力较高，保肥力较强，有机质分解慢，故前期多施速效肥料，后期则应防止贪青、徒长和倒伏。

（四）根据土壤水分状况施肥

土壤水分的多少直接影响牧草生长、微生物的活动、有机质的分解，同时也决定了施肥的效果。干旱季节、土壤水分不足时，施肥就要结合灌溉，否则牧草不能吸收。土壤水分过多，则微生物活动差，有机质分解慢，速效养分少，应适当施用肥效快的化肥。

（五）根据肥料性质进行施肥

主要根据肥料的组成和养分形态、养分在水中的溶解度及其在土壤里的变化。

一般来说，迟效性肥料（有机肥和迟效性化肥）应早些施用，速效性肥料应适时施用。肥分含量高的化学肥料可少施些，肥分含量低的化学肥料可多施些。此外，要注意各种肥料在水中的溶解情况和吸收情况。有的肥料溶解后能被土壤吸收，不易流失，如硫酸铵中的铵和氯化钾中的钾。有的肥料溶解后不被土壤吸收，而易随水流失，如硝酸铵中的硝酸和氯化钾中的氯。

三、草地施肥的方法

（一）基肥

作物播种或定植前结合土壤耕作施用的肥料称为基肥，其主要目的是供给植物整个生长期对养分的需求，同时还能改善土壤的理化性质和土壤微生物的生活条件，提高土壤肥力。基肥一般以有机肥料为主，无机肥料中的硫酸铵、过磷酸钙和钾肥等也可作基肥。基肥最好分层施用，草地有机肥料的施用量因土壤类型不同而有差异。

(二) 种肥

播种或定植时，施于种子或秧苗附近或供给植物苗期营养的肥料称为种肥。其主要目的是满足植物幼苗时期对养分的需求，以补基肥之不足。种肥用量少，一般以无机磷肥、氮肥为主，如用有机肥料必须充分腐熟，以免发酵时产生高热和有害的酸度影响种子发芽率。施用种肥的方法有拌种、浸种和条施等。种肥细而精，无病虫害，含营养成分多，如充分腐熟的堆肥、复合肥料、菌肥、草木灰等。

(三) 追肥

植物生长期间为调节植物营养而施用的肥料称为追肥。其主要目的是满足植物生长期内对养分的需求。追肥一般以速效性无机肥料为主，但也可施用腐熟的有机肥料。追肥的方法有表面撒施、条施、带状施和根外施等。草地施肥多采用表面撒施法，必须在雨季来临之前施入，而栽培草地一般多采用条施等追肥方法。

四、草地灌溉的原理

草地土壤中的水分通过地表蒸发和植物的蒸腾作用散失，适宜的土壤水分是牧草正常生长发育的前提条件。灌溉可以根据牧草生长的生理和生态需水规律，适时地补充土壤水分的亏缺，弥补天然降水的不足，为牧草生长创造适宜的水分环境，满足牧草生长对水分的需求。灌溉可以改善草地生态环境，减弱黏性土壤的黏结力，加速有机肥的熟化分解，使土壤养分充分溶解，便于牧草吸收、运输和转化。春灌可以提高地温，加速越冬牧草的返青；冬灌可以平抑地温，有利于多年生牧草的越冬；夏灌可以降低地温，减少干热、高温的危害。

当天然草地的土壤水分发生变化后，其群落构成也随之发生变化，如果能提供一个稳定的适宜水分环境，群落将发生正向演替。合理的灌溉有利于耗水较多、群落产量较高、品质优良、适口性较强的中旱生牧草生长，抑制那些适应干旱环境、生长缓慢、品质较差的旱生牧草生长。在北方干旱、半干旱地区，最终形成中旱生高禾草群落，从而取代旱生小禾草群落，使群落干物质产量提高，草群中的优良牧草比率增加。

灌溉人工草地和半人工草地产量是天然草地产量的2～10倍，荒漠草原、荒漠地区灌溉条件下的人工草地和半人工草地增产幅度可达30倍以上，可见强化草地生态系统正向的人为干预是加速我国畜牧业发展的基本途径。草地灌溉可从根本上解除旱灾，扩大天然割草地面积，增加饲草料储量，从而减少自然灾害和"冬瘦春乏"的损失，稳定和提高草地第二性生产力，提高草地载畜量。

对草地进行灌溉，首先需要确定草地的需水量。草地需水量是指在一定自然和耕作条件下，牧草正常生长发育所消耗于叶面蒸腾和草间蒸发两者水量的总和，是人工牧草需水量和天然草地需水量的总称。满足牧草的水分消耗是草地灌溉的主要任务。需水量常用单位面积上的水量表示（m^3/亩），也可以用水层深度来表示（mm）。

（一）人工牧草的需水量

需水量按理论值是对应于某一产量的需水量，是一个常数。为了牧草的生产，我国的草地水利研究者利用不同的实验方法，在实验室、田间以及草地上确定了多种牧草的需水量，所得的需水量值在一定程度上真实地反映了牧草本身在一定自然状态下的生理和生态需水要求。但是，由于受到多变的自然条件的约束，其不可能是一个定值，而是变动在一定范围内（表7-5）。相同产量水平下，人工牧草的需水规律是干旱、半干旱地区比湿润地区多，干旱年比湿润年多，牧草生育期长的比生育期短的多。

表7-5 人工牧草需水量(m^3/亩)

牧草品种	栽培地区	水文年		
		干旱年	中等年	湿润年
披碱草	内蒙古自治区达茂旗	393～454	373～450	335～446
	内蒙古自治区呼和浩特市	250～477		321
	甘肃省夏河县		300～450	
	甘肃省玛曲县		450～550	
苏丹草	内蒙古自治区达茂旗	283～398	241～393	234～367
	内蒙古自治呼和浩特市	257	228～304	164～281

续表

牧草品种	栽培地区	水文年		
		干旱年	中等年	湿润年
苜蓿	内蒙古自治区达茂旗	218	218 ~ 354	168 ~ 289
	内蒙古自治区呼和浩特市	234		
老芒草	内蒙古自治区锡林浩特市	417	365	
	内蒙古自治区达茂旗		319	
	甘肃省天祝藏族自治县		250 ~ 400	
燕麦	甘肃省天祝藏族自治县		190 ~ 340	
	甘肃省夏河县		300 ~ 450	
	甘肃省玛曲县		400 ~ 500	

(二) 天然草地牧草群落的需水量

天然草地植物（牧草）群落的需水量是指某一特定群落中牧草生长发育对水分的消耗。天然草地随着地域、气候不同，形成了千差万别的群落。表7-6所列是几种生产量较典型的天然草地牧草群落的需水量。

表7-6　天然草地牧草群落的需水量(m²/亩)

群落名称	需水量
羊草+白草+野苜蓿+杂类草	280~520
羊草+针茅+线叶菊+杂类草	215~354
冰草+隐子草+野苜蓿+杂类草	290~520
冷蒿+百里香+针茅+杂类草	210~328
斜茎黄芪+冷蒿+针茅+杂类草	210~398
芨芨草+早熟禾+赖草+杂类草	310~505
大叶章+委陵菜+苔草	400~674

五、草地灌溉的方法

灌水方法是指灌溉水以什么样的形式湿润土壤，并使灌溉水成为土壤水，以满足不同牧草在不同自然条件下对水分的需求。正确的灌溉方法不仅可以保持灌水均匀，减少或避免深层渗漏、节约用水，而且有利于保持土壤结构和肥力，使土壤中的养料、通气和温度等状况得到合理的调节，为牧草正常的生长发育创造条件。

按灌溉水输送到田间的方式和湿润土壤的形式，以及草地灌溉的适用性，灌水方法可大致分为地面灌溉（漫灌、畦灌、沟灌等）、喷灌、微灌和地下灌溉。

上述各种灌水方法各有其优缺点，都有一定的适用范围。在选择时应主要考虑牧草种类、地形、土壤和水源及经济状况等条件。各种灌溉方法的适宜条件见表7-7。对于水源比较缺乏的干旱牧区，在经济条件允许时，优先采用喷灌和微灌。对于地形坡度较陡而且地形复杂的草地及土壤透水性大的地区应考虑采用喷灌。对于乔木、灌木及宽行饲草料植物可用沟灌，散播、垅播草地及较平坦的天然草地则可采用漫灌和畦灌。

表7-7　各种灌溉方法的适宜条件

灌溉方法	适宜灌溉对象	地形	水源	土壤
畦灌	人工草地或天然草地	坡度均匀	水量充足	中等至弱透水性
沟灌	宽行人工草地	坡度均匀	水量充足	中等至弱透水性
漫灌	天然草地	较平坦	水量充足	中等透水性
喷灌	人工草地或天然草地	各种坡度,复杂地形	水量较少	各种透水性
微灌	造林、灌木	较平坦	水量尤其缺乏	各种透水性
地下灌溉	各类草地	平坦	水量缺乏	透水性较小

上述各种灌溉方法均属引水灌溉，要求有一定的水源（地下水、河流水、湖泊水等），另外，也可以利用贮畜积雪、径流水等灌溉草地，称为蓄水灌溉。蓄水灌溉可分为积雪灌溉、汇水灌溉、缓坡滞水灌溉等。

第三节　草地生态系统的割草管理

割草地是将牧草刈割作为青饲料或作为调制干草、青贮料原料的饲草基地，以保证牲畜在漫长的冷季获得补饲、舍饲基本草料的来源。选择割草地通常根据草场类型、自然条件和干草产量高低等因素而定。整体而言，割草地分2类：一类是天然草地，包括中高山草丛草地、疏林草地及中低海拔区草山草坡、农区边隙地草地；另一类是人工种植的割草地，如黑麦草草地、皇竹草草地、牛鞭草草地等。割草地的建植与管理要求对它进行合理利用，以尽可能较长期地保持稳定高产。

尽管近几年草食畜牧业有了很大的发展，但草畜矛盾仍然相当突出。冬春季节饲草严重不足，一方面是割草地的面积不足，利用不得当，另一方面是草地牧草的收割和调制技术不过关，牧草质量不高。因此，既要合理利用现有割草地，在改进收割、调制技术的同时，加强割草地的管理，提高原有割草地的生产能力；同时应进一步扩大割草地面积，培育利用好新的割草地。[①]

一、割草地利用的特点

割草在3个方面与放牧不同。第一，没有选择性，凡是割草刀片以上的植被全被割除。第二，如果说放牧家畜归还草地粪和尿的话，那么刈割就以干草形式带走营养物质。第三，刈草机并不像牛和绵羊的蹄子那样使地面受到同样的局部压力。

(一) 刈割时期

在确定适宜割草时期时，必须根据牧草生育期内草地地上部产草量的增长和营养物质动态，测定每公顷营养物质最大产量的时间。一般而言，牧草生长的幼嫩时期，蛋白质的含量最高，而纤维素的含量最低。随着牧草的生长和发育，蛋白质的含量下降，而纤维素的含量逐渐增加。

牧草刈割时期的早晚对牧草下一年的产草量有不同的影响。在开花期刈割的牧草，下一年能得到较高的产量。在开花期以前割草，下一年的产草量较低。

确定苜蓿适当刈割时期的最好标志是根据苜蓿的根颈再生，当苜蓿过半数个体的根颈出现再生芽时刈割，产量与品质均较高。

在自然干燥的条件下，割草时期还要考虑当地气候和生产单位的劳动组织问题。例如，有的地区如果从牧草本身来看已经达到割草的适宜时期，但这时期阴雨连绵，勉强收割不仅给收割带来困难，而且多余饲草的储备也成问题。此时，应避开雨季收割牧草。

多年生草地的刈割时期必须注意最后的刈割工作应在生长季停止前

---

①许鹏. 草地资源调查规划学[M]. 北京：中国农业出版社，2000.

一个月结束，使牧草有一段积累、贮藏营养物质的时间，以利于越冬和来年的再生。

（二）刈割高度

割草的高度直接影响干草的产量和质量。割草的主要任务是在不影响割草地下一年产量的前提下，收获最多的优质饲草。一般来说，牧草收割后的留茬高度越高，干草的收获量越低。此外，留茬过高时，营养价值高的基层叶片留于地面未被割走，影响饲草的营养价值。例如，刈割留茬高度为10cm时，干草中粗蛋白的含量比刈后留茬4cm时大约减少50%。刈割高度如果过低，虽然当年可获得较多的产量，但牧草基部的叶片大部分被割去，特别是叶量丰富和着叶均匀的牧草，几乎割去全部叶片，减弱剩余草的光合作用能力，影响牧草的再生和地下器官营养物质的积累，因而影响牧草以后各年的产量。

适宜的刈割高度既能获得高额的产草量，又能得到优质的牧草。同时，对于牧草的再生、越冬和以后各年份牧草产量都有益处。一般认为，牧草刈割的适宜留茬高度应为5cm左右。但因牧草种类不同，刈割后的留茬高度也不尽一致。皇竹草、高丹草、苏丹草等高大禾草留茬高度以10~15cm为宜；湿润草地留茬高度在5~6cm为宜。

（三）刈割方法

生产中常用的割草方法有2种，即人工割草和机械割草。其中人工割草在丘陵地带较为常见。人工割草就是利用镰刀割草，割草效率低。机械割草效率高，收割及时，能收获到质量好的牧草，降低生产成本，同时可解决牧区劳动力不足的问题。

（四）刈割利用的方式

刈割青饲是割草地最主要的利用方式。其原因在于：①气候较为湿润，调制干草的难度增加，空气潮湿，牧草水分散失速度慢，很容易发生霉变，影响牧草品质；②雨季较长，调制干草的时间受限，自然条件下，调制干草的时间集中在伏旱季节；③割草地分布较为零散，且地形复杂，不适宜机械收割，加工干草的成本较高。

在生产中，割草地单一地刈割饲喂，并不能充分利用草地资源，也不利于解决饲草供应的季节性矛盾。因此，结合干草调制和刈割青贮，可加强饲草储备，调节饲草供应与家畜需要之间的矛盾。

二、割草地的管理

割草地长期割草，常引起牧草产量下降，草地植被组成变劣，土壤紧实，瘠薄，生境条件恶化，导致割草地退化，这主要是由于对割草地不合理的利用和不进行培育而引起的。

(一) 割草地培育

牧草养分除自身合成之外，绝大部分来源于土壤，当牧草被收获制成干草时，从土壤获得的大部分无机化合物，包括常量元素和微量元素，随牧草的收割被移走，使土壤肥力减弱。如果土壤营养物质的蕴藏量被降低到每种物质的临界标准以下，则使以后的牧草产量下降。通常，当有一种必需元素接近土壤的临界标准，该元素与干草一起被移走时，将导致以后牧草产量下降。若继续割制干草，很可能在过去没有发生过土壤矿物质缺乏的草地上引起矿物质不足。

长期连年割草，每年从割草地的土壤中带走大量植物所必需的营养元素，使土壤肥力逐年下降，牧草减产。应当指出，牧草自土壤中吸取养分的数量随着牧草的利用方式不同而不同。干草产量越高，每年从土壤中带走的营养物质也越多。年复一年的干草生产使割草地土壤日趋贫瘠，引起草群植物组成变劣，干草产量下降。所以，割草地必须施肥，以补充土壤中缺乏的营养元素。此外，为保证割草地的稳定、优质和高产，割草地还需灌溉、松土、补播优良牧草等。

(二) 割草地轮刈

长期在割草地上割制干草，常造成割草地产量下降，其原因主要是由于牧草贮藏的营养物质减少，并且由于抽穗、开花期刈割，牧草没有结实机会。此外，因为连年割草，牧草每年从土壤中带走氮、磷、钾等营养物质，土壤肥力下降，割草地的干草产量不断降低。

为了提高割草地生产力，无论是人工割草地还是天然割草地，比如实行合理的利用管理制度，像轮作一样进行各年轮换，分别在牧草的不同生育期收获，这就是割草地轮刈。和牧场轮换一样，割草地轮刈也是将草地分成若干区，按照一定顺序逐年变更其刈割时期和刈割次数，并进行休闲和其他培育措施，使牧草植物积累足够的贮藏营养物质并形成种子，有利于草地的营养更新和种子繁殖。组织牧草地轮刈，可将草地划分为4～6个割草地段，按照一定的轮刈方案，分别对不同地段进行利用和改良，逐年轮换。根据生产实际中一些地区刈割伏草、秋草和霜黄草的情况，可实行四年四区的轮刈制。在一年刈割一次的情况下，每四年安排一年休闲，不割草，以使地力和牧草生机获得恢复与发展。在植物结籽成熟后打霜黄草，有利于牧草天然下种，并在下年休闲时，幼苗可获得良好发育，不受伤害，打伏草期正是牧草抽穗开花阶段，所收干草品质较优，刈后尚能再生，有充分时间积累越冬的营养物质，而且再生草可轻度放牧。

三、干草调制方法

干草是将鲜草刈割后自然干燥或人工干燥，使其水分含量保持在18%以下的饲料，它的营养价值较高，而且具有耐贮存的优点，是饲喂家畜、进行畜牧业生产的一种主要饲料。

干草调制的方法大致可分为自然干燥和人工干燥两大类。

（一）自然干燥法

自然干燥法不需要特殊设备，尽管在很大程度上受天气条件的限制，但为我国目前采用的主要干燥方法。与人工干燥法相比，自然干燥法效率较低、劳动强度大、制作的干草质量差、成本低，自然干燥法的方式又可分为地面干燥法、草架干燥法和发酵干燥法3种。

1.地面干燥法

地面干燥法也叫田间干燥法，牧草刈割后在原地或另选地势较高处晾晒，大约4～6h后使其干燥到水分含量为40%~50%，用搂草机搂成草条继续干燥，根据气候条件和牧草的含水量可进行草条的翻晒，使牧草水分降至35%～40%，此时牧草的叶尚未脱落，用集草器集成0.5~1m高的草堆，保持草堆松散通风，经1.5~2天达到完全干燥。牧草的叶开始脱落时，豆科牧草的叶片含水量为26%~28%，禾本科牧草的叶片含水量为

22%~23%。此时牧草全株的含水量在35%以下。为了保存价值较高的叶，搂草作业和集草作业应该在牧草水分不低于35%时进行。

2.草架干燥法

在多雨地区收割牧草时，用地面干燥法调制干草不易成功，可以在专门制作的干草架上进行干草调制。干草架主要有独木架、三脚架、铁丝长架和棚架等。将刈割后的牧草自上而下置于干草架上，厚度不超过70cm，保持蓬松，有一定斜度，以利于采光和排水。草架干燥法虽花费一定物力，但制得的干草品质较好，养分损失比地面干燥减少5%~10%。

3.发酵干燥法

阴湿多雨地区的光照时间短，光照强度小，不能用普通方法调制成干草时，可用发酵干燥法调制。将刈割的牧草平铺，经过短时间的风干，当水分降低到50%时分层堆积成3~5m高的草垛，逐层压实，表层用土或地膜覆盖，使牧草迅速发热，经2~3天草垛内的温度上升到60℃~70℃，牧草全部死亡，打开草垛，随着发酵热量的散失，经风干或晒干，制成褐色干草，略具发酵的芳香酸味，家畜喜食。如遇阴雨连绵天气无法晾晒时，可堆放1~2个月，一旦无雨马上晾晒，容易干燥。褐色干草发酵过程中由于温度的升高造成营养物质的损失，对无氮浸出物的影响最大，损失可达40%，其养分的消化率也随之降低。

（二）人工干燥法

人工干燥法的优点在于不受时间的限制，且干燥时间缩短，可减少牧草自然干燥过程中营养物质的损失，使牧草保持较高的营养价值。试验证明，在自然干燥过程中，干物质的损失约占鲜草的1/5~1/4，热能损失约占2/5，蛋白质损失约占1/3。如果采用人工干燥法，则营养物质的损失可降低到最低限度，约占鲜草总量的5%~10%。人工干燥法主要有常温通风干燥法和高温快速干燥法。

1.常温通风干燥法

常温通风干燥法是利用高速风力将半干青草所含水分迅速风干，它可以看成是晒制干草的一个补充过程。通风干燥的青草，事先需要在田间将草茎压碎并堆成垄行或小堆风干，使水分下降到35%~40%，然后在草库内完成干燥过程。草库的顶棚和地面要求密不透风，为了便于排除湿气，库房内设置大的排气孔。干燥的主要设备包括电动鼓风机，以及一套安置在草库地面上的通风管道，半干的青草疏松地堆放在通风管道上部，厚度视青草含水量而定，一般为3～5m，自鼓风机送出的冷风（或热风）通过总管输入草库内的分支管道，再自下而上通过草堆，即可将青草所含的水分带走，风速的控制要求草库内空气湿度为70%~80%，如超过90%则草堆的表面将变得很湿。通风干燥的干草比田间晒制的干草含叶多，颜色绿，胡萝卜素高出3~4倍。

常温通风干燥法适于在干草收获时期，白天和夜晚的相对湿度低于75%和温度高于15℃的地方使用。在空气湿度相对高的地方，鼓风用的空气应适当加温。干草棚常温鼓风干燥的牧草质量优于晴天野外晒制的干草。

2.高温快速干燥法

高温快速干燥法常用烘干机将牧草水分快速蒸发掉，烘干机有不同型号，有的烘干机入口温度为75℃～2600℃，出口温度为25℃～11600℃，有的烘干机入口温度为420℃～11600℃，出口温度为60℃~2600℃。含水量为80%~85%的新鲜牧草的烘干机内经数分钟，甚至几秒钟可使水分下降到5%～10%。此法对牧草的营养物质含量和消化率几乎无影响，如早期收割的紫花苜蓿和三叶草，用高温快速干燥法制成的干草粉含粗蛋白20%，每千克含200~400mg胡萝卜素和24%以下的纤维素。用快速干燥法制成的干草，占原来鲜草95%的干物质含量和90%~95%的胡萝卜素。

3.其他加速干燥的方法

除人工干燥法可加速牧草的干燥速度外，压裂草茎和施入化学干燥剂都可以加速牧草的干燥，降低牧草干燥过程中营养物质的损失。

1）压裂草茎加速干燥

牧草干燥时间的长短实际上取决于茎秆干燥所需时间，茎与叶相比干燥速度要慢得多。当豆科牧草叶干燥到含水量为15%~20%时，茎的水分含量为35%～40%，所以加快茎的干燥速度可加速牧草的整个干燥过程，同时可减少因茎叶干燥不一致造成的叶片脱落。常使用牧草压扁机压裂牧草的茎秆，破坏茎角质层的表皮，破坏茎的维管束使它暴露出来，这样茎中水分蒸发速度大为加快，茎的干燥速度大致能跟上叶的干燥速度。在良好的天气条件下，牧草茎经过压裂后干燥所需时间与未压裂的同类牧草相比，前者仅为后者所用时间的1/3~1/2。干草压扁机有2种类型，分别为圆筒型压扁机和波齿型压扁机。圆筒型压扁机装有捡拾装置，压扁机将草茎纵向压裂，波齿型压扁机有一定间隔将草茎压裂。牧草刈割后应尽快压裂，最好刈割、压裂和成条连续作业一次完成。

2）化学干燥剂加速干燥

20多年的研究表明，某些化学物质能够加速豆科牧草的干燥速度。目前应用较多的有碳酸钾、氢氧化钾、碳酸氢钠、碳酸钙、磷酸二氢钾、长链脂肪酸甲酯等物质，用这些物质的溶液喷洒豆科牧草紫花苜蓿，能破坏牧草表皮，特别是茎表面的蜡质层，促进了牧草体内水分的散发，加快了田间干燥的速度，缩短了干燥的时间，能够减少紫花苜蓿叶量的损失，提高蛋白质的含量和干物质的产量，使其消化率有所提高。

四、牧草青贮

牧草青贮是指将新鲜牧草（含饲用作物）切碎后，在隔绝空气的环境中，因植物的呼吸作用耗尽氧气，造成厌氧条件，促使乳酸菌繁殖活动，通过厌氧呼吸过程将青贮原料中的碳水化合物（主要是糖类）变成以乳酸为主的有机酸，并在青贮料中积聚起来。当有机酸积累到0.65%~1.30%时（优质青贮可达1.5%~2.0%）或当pH降到5.0以下时，大部分微生物停止繁殖，由于乳酸不断积累，酸度增加，最后连乳酸菌本身也受到抑制而停止活动，从而使青贮料得以长期保存不致腐烂，制成一种多汁、耐贮藏的、可供家畜长期利用的饲料。

第四节　草地生态系统的放牧管理

草地是家畜生产的主要饲草来源。草地植物→土壤→家畜的协调发展维持着草地生态系统的平衡，其中家畜对草地植物和土壤状况起着决定性的作用。草地上放牧的家畜头数保持适当，就可以保持草地的正常生产力，并使草地畜牧业保持稳定性；若草地上放牧的家畜头数太多，则导致草地退化。[①]

一、家畜头数与牧草生长

草地上放牧家畜头数的多少与牧草的生长有着密切的关系。当草地上放牧家畜过多时，家畜反复选吃喜食的优良牧草使优良牧草的生活力

[①]张英俊. 草地与牧场管理学[M]. 北京：中国农业大学出版社，2009.

减弱，丧失繁殖能力，最终导致这些植物从草地上消失。与此同时，营养价值低的杂草趁机侵入草地，导致草地退化、价值降低，土壤侵蚀严重，环境条件恶化，进而影响牧业稳定性，降低牧业收入。要使草地资源永远保持最高的生产水平，就应注意对草地进行适当的利用。通过控制家畜头数，把牧草利用同牧草生长协调起来。这不仅能维持原有植物的良好生长，而且对于促进草地改良也有积极的意义。

放牧家畜通过采食、踩踏和排泄（粪和尿）影响草地。放牧家畜采食牧草枝叶，从牧场获取营养物质。采食的次数和高低影响着牧草分蘖与叶面积指数，从而直接影响植物光合作用的速度。过度地放牧会妨碍植物制造养分，也影响到根系所需营养物质的供给。在混播草地上，放牧对草地植物成分的最重要的影响就是对禾本科/豆科比例的影响。频繁密集的放牧通常能增加低矮匍匐型的豆科植物，如白车轴草、红车轴草的生长，而使直立、非匍匐型的种类减少，如苇状羊茅、紫花苜蓿等。

践踏对草地牧草的生长和植物学成分的影响主要发生在牧道及牲畜棚圈附近草地。特别是雨季不合理的放牧利用，直接导致瘠薄土壤的流失，成为秃斑地。部分地段家畜集中时间过长，如夜营地，大量粪尿排泄严重影响草地植物的生长及土壤理化性状。

(二) 家畜头数与畜产品数量

人们饲养家畜的目的是从单位面积草地上获得尽可能多的畜产品，而一定面积草地的畜产品数量并不与家畜头数呈线性关系。当载畜量低时，由于草地上有丰富的牧草供家畜采食，因而可以充分发挥出家畜的生产潜力，故在一般情况下常常表现出每头家畜有较高的产量，而每公顷草地上的畜产量却较低。但随载畜量增加，每公顷草地上的畜产品数量也随之增加，并达到高峰，此后再增加载畜量，每公顷的畜产品数量迅速下降。因此，草地管理者必须把载畜量控制在一个适当的范围，以达到获得较多畜产品和保护草地免受损害的目的。

(三) 合理的载畜量

草地载畜量是指在一定放牧时期内，一定草原面积上，在不影响草地生产力及保证家畜正常生长发育条件下，所能容纳放牧家畜的数量。《中华人民共和国草原法》第三十三条部分规定："草原承包经营者应当合理利用草原，不得超过草原行政主管部门核定的载畜量；草原载畜量标准和草畜平衡管理办法由国务院草原行政主管部门规定。"

由于载畜量过大而导致草地资源枯竭的事例是很多的。例如，美国在20世纪中家畜数量猛增，结果在不到半个世纪的时间内导致草地资源衰竭。据当时调查，过牧毁坏了一半以上的草地资源，由于草少畜多，加上自然灾害，1886年美国西部地区的牛死亡率达86%。我国类似问题也很普遍，超载放牧给草地和畜牧业带来许多不良后果：第一，草地发生退化；第二，牲畜采食量降低；第三，家畜的体况变差；第四，家畜的生产性能降低，每头家畜的产品产量减少；第五，单位面积畜产品数量减少。

在草原承包合同中应有草原数量、质量和合理载畜量等明确条款，并写明超载过牧的惩罚措施。在生产中，一般可根据放牧强度判断草地利用情况。

放牧强度是指草地上牲畜利用草地的轻重程度，即采食和践踏牧草的程度，由放牧牲畜的头数、放牧时间和牲畜体重3个因素决定。放牧强度有以下4种情况。

第一，过轻，即长久不放牧或放牧的牲畜头数大大低于草地的载畜能力，结果是隔年枯草倒伏、腐烂、杂草丛生。

第二，适当，即牲畜放牧头数与草地的载畜能力相适应，结果是草地植被正常、生长旺盛、无水土流失冲刷现象。

第三，稍重，即牲畜放牧头数略超过草地的载畜能力，结果是草地产量降低、造成水土流失。

第四，超重，即放牧牲畜的头数大大超过草地的载畜能力，结果是熟土失尽、母质暴露、优良牧草大量减少、毒草丛生。

二、草地放牧利用制度

(一) 自由放牧

自由放牧也叫无系统放牧或无计划放牧。即对广阔的牧地不划分放牧区，畜群无一定组织管理。牧工可以驱赶着畜群走遍全部牧地，任意选择所喜食的牧草，是一种比较落后的放牧制度。自由放牧包括连续放牧、季节营地（牧场）放牧、抓膘放牧、就地宿营放牧、羁绊放牧等。这种放牧方式是比较原始和不完善的。一方面对牧草浪费十分严重，另一方面容易使草地发生退化。家畜的生产性能也得不到良好体现，易感染寄生虫病。

（二）划区轮牧

划区轮牧是一种科学利用草地的方式，它是根据草地生产力和放牧畜群的需要，将放牧场划分为若干分区，规定放牧顺序、放牧周期和分区放牧时间的放牧方式。相对于自由放牧而言，划区轮牧一般以日或周为轮牧的时间单位。

为了提高轮牧区中草群的利用率，可采用放牧习性差异较大的不同畜群依次利用同一草地。如牛群放牧后的牧草再放牧羊群，羔羊放牧后的牧草再放牧母羊等。这种更替放牧可提高5%的载畜量，甚至提高38%~40%。

在划区轮牧中，有的按不同家畜所需饲草成分比例，再按一定比例组成不同家畜的混合畜群进行放牧。这样不仅充分、均匀地利用牧草，还比不同畜群更替放牧延长了草地的休闲时间，各种牲畜都能食到新鲜牧草。

1.轮牧周期

轮牧周期指牧草放牧一次之后，再生草长到可以再次放牧所需要的时间，也就是两次放牧的间隔时间。轮牧周期决定于牧草的再生速度，再生速度又因温度高低、雨量多少、土壤中营养物质的丰富程度以及牧草本身的发育阶段而差异很大。当环境条件好且牧草又处在幼嫩阶段时，再生速度快，反之就慢。通常第一次再生草的生长速度较快，第二次慢些，第三次又比第二次慢，所以各轮牧周期的长短就很不一致。往往第一次轮牧周期时间较短，以后逐渐延长。当然各地情况也不相同，或许还有与此相反的生长模式。

2.小区放牧的天数

为减少家畜寄生蠕虫病的传播机会，小区放牧一般不超过6天。因为蠕虫卵随粪便排出后，经过约6天即可变为可感染的幼虫。如在小区放牧的停留时间超过6天，家畜极容易在采食时食入那些可感染幼虫而遭受感染。

第一个放牧周期内，各小区的牧草产量不等，前面1、2以至3小区往往不能满足6天的放牧需要。因此，头几个小区的放牧天数势必缩短，往后逐渐延长至正常放牧的6天。

3.轮牧小区的数目

有了轮牧周期和小区放牧的天数，就可以确定所需的放牧小区数目。

小区数目=轮牧周期÷小区放牧天数

如果轮牧周期为32天，小区平均放牧天数为4天，则轮牧分区数是8个（32÷4=8）。

但是到了生长季的后期，再生草的产量减少，不能满足一定天数的放牧，势必要缩短小区放牧的天数，这样小区的数目就要增加。增加的小区数目决定于草地再生草的产量。再生草产量高的牧场增加的小区数目较少，反之较多。所以，小区数目的计算可用下列公式表示。

小区数目=轮牧周期÷小区放牧的天数+补充小区数

4.放牧频率

放牧频率是指各小区在一个放牧季内可轮流放牧的次数，也就是牧草能再生达到一定放牧高度的次数。

放牧季（天数）=轮牧周期（天）×放牧频率=小区数目×每小区放牧天数×放牧频率

一般的天然草地放牧频率应保持在3~4次；而高产的多年生人工草地可达4~5次。

5.小区面积

小区面积的大小主要取决于牧草的产量，另外与畜群头数、放牧天数、日采食量等也有一定关系。如果牲畜多，放牧天数多，日粮量高，则小区面积大，反之则小。小区面积可用下列公式计算。

小区面积（hm^2）=（畜群头数×日粮量×放牧天数）/牧草产量

6.放牧密度

放牧密度是单位面积草地上在同一时间内放牧牲畜的头数，也就是在放牧季某一个时间的放牧量。密度过大，会使牲畜互相干扰；密度过小，会使牲畜游走过多，采食率降低，且使牲畜体力消耗过大。目前国外对高产播种草地均采用短时间、高密度放牧，以减少践踏和粪便污染造成的牧草损失和浪费，提高利用率。

（三）延迟轮牧

在草地轮牧中，有计划地延迟部分小区的放牧开始时间，确保这些小区草地植被完成正常的开花结籽。并在不同的年份，更换延迟放牧的小区，保证草地植被自我更新。

（四）日粮放牧（条带放牧）

利用活动式的围栏，如电围栏，把家畜围在一定区域内，并每天或每两天给家畜配给草地。这种方式是最有效的草地利用模式。但所需劳动力较多，大面积生产中用得较少。

参 考 文 献

[1]陈功. 草地质量监控[M]. 昆明：云南大学出版社，2018.

[2]陈佐忠，汪诗平. 草地生态系统观测方法[M]. 北京：中国环境科学出版社，2004.

[3]韩贵清，杨林章. 东北黑土资源利用现状及发展战略[M]. 北京：中国大地出版社，2009.

[4]韩启龙. 青海湖周边地区草原生态环境现状与治理对策[J]. 黑龙江畜牧兽医，2011，（1）：81-82.

[5]何京丽，邢恩德. 退化草地恢复水土保持关键技术[M]. 北京：中国水利水电出版社，2016.

[6]江仁涛. 川西北高寒草地退化/恢复对土壤团聚体及有机碳的影响[D]. 绵阳：西南科技大学，2018.

[7]景增春，王文翰，王长庭，等. 江河源区退化草地鼠害的治理研究[J]. 中国草地，2003，25（6）：37-41.

[8]李建龙. 草地退化遥感监测[M]. 北京：科学出版社，2012.

[9]李文华. 中国当代生态学研究：生态系统恢复卷[M]. 北京：科学出版社，2013.

[10]李文华. 中国生态系统保育与生态建设[M]. 北京：化学工业出版社，2016.

[11]刘洋洋，任涵玉，周荣磊，等. 中国草地生态系统服务价值估算及其动态分析[J]. 草地学报，2021，29（7）：1522-1532.

[12]刘媖心，黄兆华. 植物治沙和草原治理[M]. 兰州：甘肃文化出版社，2000.

[13]陆阿飞，龙明秀. 杂多县退化草地治理及植被高度变化监测分析[J]. 青海草业，2017，26（2）：2-5+9.

[14]全国畜牧总站. 草原生态实用技术[M]. 2017版. 北京：中国农业出版社，2018.

[15]沈鹏. 基于图像的草地退化识别研究[D]. 成都：电子科技大学2019.

[16]孙鸿烈. 中国生态问题与对策[M]. 北京：科学出版社，2011.

[17]孙鸿烈. 中国生态系统：上册[M]. 北京：科学出版社，2005.

[18]孙吉雄. 草地培育学[M]. 北京：中国农业出版社，2000.

[19]万金泉，王艳，马邕文. 环境与生态[M]. 广州：华南理工大学出版社，2013.

[20]王兵，迟功德，董泽生，等. 辽宁省森林、湿地、草地生态系统服务功能评估[M]. 北京：中国林业出版社，2020.

[21]王德利，郭继勋. 松嫩盐碱化草地的恢复理论与技术[M]. 北京：科学出版社，2019.

[22]王克勤，赵雨森，陈奇伯. 水土保持与荒漠化防治概论[M]. 北京：中国林业出版社，2008.

[23]王堃. 草地植被恢复与重建[M]. 北京：化学工业出版社，2004.

[24]卫智军，韩国栋，赵钢，等. 中国荒漠草原生态系统研究[M]. 北京：科学出版社，2013.

[25]魏巍. 浅谈西藏高原草地退化成因和生态恢复建议[J]. 西藏农业科技，2020，42（1）：120-121.

[26]许鹏. 草地资源调查规划学[M]. 北京：中国农业出版社，2000.

[27]杨倩，孟广涛，谷丽萍，等. 草地生态系统服务价值评估研究综述[J]. 生态科学，2021，40（2）：210-217.

[28]张显龙. 草原牧鸡生物量置换模式对沙草地生态系统结构与过程影响研究[D]. 长春：吉林大学，2015.

[29]张英俊. 草地与牧场管理学[M]. 北京：中国农业大学出版社2009.

[30]章祖同. 草地资源研究：章祖同文集[M]. 呼和浩特：内蒙古大学出版社，2004.

[31]赵哈林. 恢复生态学通论[M]. 北京：科学出版社，2009.

[32]赵景波，罗小庆，邵天杰. 荒漠化与防治教程[M]. 北京：中国环境科学出版社，2014.

[33]赵新全. 高寒草甸生态系统与全球变化[M]. 北京：科学出版社，2009.

[34]赵志平，李俊生，翟俊，等. 三江源地区高寒草地退化成因及保护对策研究[M]. 武汉：中国环境出版集团，2018.

[35]朱宁，王浩，宁晓刚，等. 草地退化遥感监测研究进展[J]. 测绘科学，2021，46（5）：66-76.